七堂极简
心理课
PSYCHOLOGY

刘睿◎著

中国友谊出版公司

图书在版编目（CIP）数据

七堂极简心理课 / 刘睿著 . -- 北京：中国友谊出版公司，2020.11

ISBN 978-7-5057-5012-8

Ⅰ . ①七… Ⅱ . ①刘… Ⅲ . ①心理学—通俗读物 Ⅳ . ① B84-49

中国版本图书馆 CIP 数据核字 (2020) 第 195786 号

书名	七堂极简心理课
作者	刘睿
出版	中国友谊出版公司
发行	中国友谊出版公司
经销	新华书店
印刷	河北鹏润印刷有限公司
规格	880×1230 毫米　32 开
	7 印张　143 千字
版次	2020 年 11 月第 1 版
印次	2020 年 11 月第 1 次印刷
书号	ISBN 978-7-5057-5012-8
定价	45.00 元
地址	北京市朝阳区西坝河南里 17 号楼
邮编	100028
电话	(010) 64678009

前　言

心理学是什么？人类的心理和思想从何而来？人有没有灵魂？人格是由遗传决定的还是由环境决定的？梦和意识是什么关系？它真的可以预言什么吗？为什么人类有智愚之别？人可以貌相吗？自从人类有了自觉意识以后，作为主体的人，便产生了诸如此类的困惑。早日揭开这些问题的神秘面纱，成了人类的强烈渴望。

早在2600多年前，有一位埃及国王叫萨姆提克一世，他想证明埃及人是这个世界上最古老的民族。他假设：一个孩子出生后出于本能而讲的第一句话可能就是人类最原始的语言，那么讲这种语言的民族自然是最古老的民族。于是，他找来两个刚出生的婴儿，把他们送到边远地区的牧羊人那里抚养。命令牧羊人把这两个小孩安置在一个隔离的屋子里，供给他们食宿，但不能让他们听到任何一句人类的语言。忠实的牧羊人认真履行了国王的命令。孩子们长到两岁时，一天，牧羊人打开房门给他们送吃食，结果这两个小孩一边跑向他一边喊着"贝克斯"，自此以后孩子们经常提到这个词语。牧羊人赶紧向国王报告了这一情况，孩子们被带到王庭后，国王也听到了这个词。于是，他命令臣子们四处调查这个词的意义。结果，他很是失望：因为这个词是另一个民族弗里吉亚族语言中"面包"的意思。按照他的推断，这是一个比埃及更古老的民族。这是人类历史上第一次"心理实验"，虽然结果没能如国王所愿，但这在人们对心理世界的探索上，具有里程碑的意义。

如今，人类已经进入 21 世纪，随着社会的进一步发展、物质和精神生活的极大丰富，人们将更多的目光投向自己，对了解人的心理普遍地产生了兴趣，渴望认识心理学，希望心理学能够给自己和社会带来帮助。或许正是出于这样的需求，近年来，在书店里我们看到了心理学方面的书籍明显增多，越来越多的大学增加了心理学专业，社会上各种各样的心理学培训课程也如雨后春笋……尽管如此，相对于社会大众的需求，心理学知识的推广和普及工作仍然有待进一步深化。

与哲学、文学等古老学科相比较，心理学作为一门独立的学科只有不到 130 年时间，然而，在这短短的时间里，心理学领域可谓异彩纷呈，大师迭出，产生过众多在相当程度上影响人类历史的流派和学说。到现在，社会上非常多的现象都可以用心理学来描述和解释。面对这样一个范围极广的学科，介绍它的基本知识就成了一个不小的挑战。在这本《七堂极简心理课》中，我们介绍了心理学的基础知识，并选择了诸如梦、催眠以及一些与大众生活息息相关的、普通读者比较感兴趣的话题，尽量用通俗易懂的语句和形象的插画勾勒出心理学这门学科的轮廓，旨在让普通大众和心理学初学者在短时间之内对心理学有一个大概的了解。

　　鉴于本人水平有限，书中或有疏漏之处，还望读者朋友予以谅解并多多指教。

目　录

第一课

心理学流派与心理学家

1. 科学心理学的诞生与冯特

在威廉·冯特的一生中，最为奇特的是他对心理学所产生的影响——既影响广泛，又微乎其微。

——莫顿·亨特

捷足者冯特

1879 年 12 月的某一天，德国莱比锡大学，一栋被称为"孔维特"的破旧小楼的一个小房间内，一位中年教授带着两个年轻的学生正在准备一个实验。他们在桌子上安装了一台微时测定器、一个被他们称为"发声器"的装置（其实就是一个金属架，上面升起一只长臂，一个球将从臂上落下，掉在一个平台上）、一个发电报用的键盘、电池以及一个变阻器。他们把这五件"莫名其妙"的东西用电线连接起来，于是，实验开始了。随着那个球"砰"的一声落在平台上，发报机键盘"哒"的一响，微时测定器立即记录下这个过程所用的时间，现代科学心理学的时代正式到来了。那位教授就是威廉·冯特。

1832 年，冯特出生在德国西南部的一个书香门第。他 13 岁进入天主教大学的预科学习，1856 年毕业于海德堡大学医学系。

1858 年，他成为赫尔曼·冯·赫耳姆霍兹的助手。在这段时间里他开设了第一门科学教授心理学的课程。在这个课程中，他使用自然科学的实验方法来研究心理学。他的讲义被命名为《人类与动物心理学论稿》。

1874 年，冯特发表了《生理心理学原理》。在这部书中，他独创了一个系统性的心理学方法来研究人的感识，包括感觉、体验、意志、知觉和灵感。

1875 年，冯特进入莱比锡大学并成为教授。4 年后，他在那里创立了世界上第一个心理实验室。再过 10 年，他出任莱比锡大学校长。1917 年，从莱比锡大学教学岗位退休。

1920 年，也就是他 88 岁时，他仍忙于著述，直到去世前的第 8 天，他仍在奋笔疾书。冯特学识渊博，虽然他的作品艰涩沉闷、语焉不详，但他讲起课来口若悬河、激情澎湃。他生性严肃，举止呆板，连最忠实的弟子铁钦纳也觉得自己的老师"毫无幽默感"。但对他的学生，冯特却非常乐于帮助，关怀备至，充满慈爱——虽然也十分专横。

他一生著述丰富，据统计，他的作品约 500 种，涉及心理学、哲学、逻辑学、语言学等诸多领域。心理学方面的代表作有：《人类与动物心理学论稿》《生理心理学原理》和《民族心理学》。

冯特与内容心理学派

19 世纪 60 年代，内容心理学派在德国诞生，代表人物是费希纳与冯特。该学派主张对人的直接经验进行研究，研究方法主要是"自我观察""自我体验"的实验内省法。

所谓直接经验，就是人在具体的心理过程中可以直接感受到的经验，如感觉、知觉、情感等。不过，冯特研究的并不是感觉、知觉心理活动的本身，而是感觉或知觉到的心理内容，即感觉到了什么，知觉到了什么。冯特认为，人的这种直接经验（心理或意识）是可以进行分析的。心理被分析到最后不能再分析的成分，则为心理元素，即为心理构成的最小单位。而人的心理，就是通过联想或统觉才把这些心理元素综合为人的直接经验的。因此，冯特认为，心理学的任务就是分析出心理元素，并发现这些元素复合成复杂观念的原理与规律。

由于冯特的内容心理学注重研究的是人的内在的意识，因此，从实质上看，他的心理学体系基本上只是对 19 世纪中叶以前欧洲心理学成就的一个全面的历史总结，主要倾向还是停留在当时英国以及德国的一些经验论、统觉说的传统的心理思想上，而并无整体上对传统的较大突破。

冯特在心理学史上的影响

冯特的功绩并不在于以他为代表的内容心理学本身，而是他为科学心理学所做出的那些不朽的贡献：首先，他创建了世界上第一个心理实验室，使心理学从数千年附属于哲学的状态中彻底地分离、独立出来；其次，他总结、创立了一门崭新的心理学——实验心理学；第三，他利用在莱比锡大学创建的心理实验室，培养了一支国际心理学专业队伍，有力地推动和促进了各国心理学的建设和发展。正如美国著名心理学家赫尔所说："冯特到任何时候都将作为伟大的里程碑而永垂不朽。"

他作为科学心理学之父将永远被人们所纪念。

逸事·冯特

冯特生性严肃，由于学识非常渊博，总自视为权威。据说，他当年在莱比锡大学任教职时，每逢课前，他总会一直等在教室外，直至学生与助手皆落座，而后，才突然打开门，一步跨进来；一袭黑袍打扮，目不斜视，径直走向讲台，在讲台上摆弄一会儿教具，末了，才手扶讲桌，面对早已在台下焦急等待的学生滔滔不绝地讲起来。

另一位几乎同时代的心理学大师威廉·詹姆斯曾这样挖苦冯特说：因为这个世界上必须得有教授，他（指冯特）即成为最值得称赞和永不可能敬仰过分的那种人。他不是天才，而是教授——也即那种在自己的专业内无所不知、无所不言的那类人。

2. 构造主义心理学与铁钦纳

> 我本人显然不是个英国的心理学家，如果这个形容词意味着
> 国籍的话；假如它意味着一种思维方式，我希望自己也是如此。
>
> ——铁钦纳

　　铁钦纳声称自己是冯特的忠实追随者，但是当他把冯特的心理学带到美国时，他戏剧性地改变了冯特的心理学体系。铁钦纳提出了他自己的方法，称之为构造主义，但是他却仍然声称它代表着冯特所提出的心理学。事实上，两个体系大相径庭。

"背叛"老师的"忠实"学生

　　铁钦纳，美籍英国心理学家，构造心理学的主要代表人物。

　　铁钦纳 1867 年 6 月出生于英国奇切斯特一个并不富裕的望族，1885 年进

铁钦纳画像

入牛津大学，先学习了哲学和古典文学，后转向研究生理学，并对冯特的新心理学产生了兴趣。后来作为旅游者来到德国莱比锡，师从冯特学了两年心理学，于 1892 年获得学位。在莱比锡的两年

学习生涯，决定了铁钦纳在心理学上的前途，也使铁钦纳成为冯特的忠实信奉者。获得学位以后，他试图成为英国新实验心理学的先锋，但并没有得到人们的支持，所以他不得不在牛津大学做了几个月的生物学补习班讲师后，赴美国教授心理学。在美国期间，他供职于康奈尔大学，并终其一生。

铁钦纳始终保有明显的德国冯特式的传统：他的心理学体系、思想观点、研究取向、教学方式乃至举止风度，甚至胡子都酷似冯特。铁钦纳是一位性格刚毅、喜好争辩的学者，治学严谨、文章明快，受到学生们的追捧与爱戴。

1898年，在与詹姆斯的论战中，铁钦纳正式提出"构造心理学"的名称，与机能心理学相对立。他一生建树颇多，主要著作有：《心理学纲要》《心理学教科书》《心理学入门》《实验心理学》等。其中，《实验心理学》被屈尔佩描述为"用英文写就的内容丰富的心理学著作"。这些著作在心理学界享有盛名，有些被翻译成俄文、意大利文、德文、西班牙文和法文。

老年以后，铁钦纳渐渐退出了社交和大学生活。1910年左右，他开始撰写详细说明其体系观点的书，然而，这部著作并没有完成。1927年8月3日，铁钦纳卒于美国伊萨卡。

构造主义心理学

构造主义心理学派是由冯特最忠诚的学生铁钦纳于内容心理学派形成近20年后在美国建立的，是对内容心理学思想的继承和进一步发展。但构造主义心理学派绝不等同于内容心理学派，二者无论在形成的时间、地点，还是研究方法和具体内容上，都存在着差异。

该学派主张心理学应以意识或意识经验为研究对象，心理学家的任务在于分析意识的内容，查明意识的组成元素和构造原理。

铁钦纳的构造主义观点在他1898年和1899年相继发表的《构造心理学的原理》和《构造心理学和机能心理学》两篇论文中有充分的表述。他认为，心理学要成为一门科学应该仿效生理学和形态学，对心理的构造进行实验分析。这种分析是一切心理学研究的出发点，对心理机能的研究也不例外。

铁钦纳信奉冯特的心身平行论，既反对用物理刺激解释意识的起因，又反对用生理现象解释心理现象的起因。他认为心理过程的发生能参照相应的神经过程做出说明，但后继的心理学家对于这样的解释并不满意。按照他的构造主义原理，铁钦纳发现的心理元素有三种：感觉、表象和感情状态，其中不能再简化的"心理原始粒子"是感觉。三者有质量、强度、明晰性和持续时间长短等属性差异。一切复杂而各异的高级心理过程都是由这三种元素复合而成的。

铁钦纳的构造主义在所有早期的心理学体系中是最严密的体系。构造主义学派虽然由于其狭隘性而最终解体，但它在相当长的一段时间内决定了美国心理学的发展方向，并在与机能主义学派的长期论战中，极大地促进了美国心理学的发展。

逸事·铁钦纳

铁钦纳酷爱抽雪茄，他曾说，"一个男人若不会抽烟就不要指望成为心理学家。"因此，他的许多学生开始抽雪茄，至少在铁钦纳的面前是这样。铁钦纳的一个博士生曾经报告了这样一件事：一次，这位博士生在铁钦纳的办公室里与他讨论自己的研究计划。突然，铁钦纳的那个永远叼着的雪茄烧到了他冯特式的胡子。而此时，铁钦纳正在高谈阔论，他的威严的姿态使这位学生不敢打断他。一会儿，这位博士生正色对铁钦纳说道："对不起！博士，您的胡子着火了！"等到火被扑灭后才发现，铁钦纳的衬衣和内衣已经被火烧坏了。

铁钦纳不仅是个成功的学者和教师，而且他有多种业余爱好。他精通音乐，每个星期日晚上都在家里举行小型音乐会，在康奈尔大学音乐系成立之前，铁钦纳被称为康奈尔大学"负责音乐的教授"；他对收集钱币有浓厚兴趣，为了掌握这些钱币上的文字，他还特地学习了古汉语和阿拉伯文等；此外，他还精通六国现代语言，其中包括俄语。

3. 机能主义心理学与威廉·詹姆斯

这不是科学，只是一门科学的希望。

——威廉·詹姆斯

可爱的天才怪杰

威廉·詹姆斯（1842—1910），出生于美国纽约一个著名的富豪之家。优裕的家庭环境和良好的早期教育，使詹姆斯很早就形成了思想活跃、能言善辩、为人豁达、社会经验丰富等特点。

詹姆斯画像

1861年，他进入哈佛大学劳伦斯理学院学习化学和解剖学，后又被父亲所迫改学医学，这令他感到不快。1869年詹姆斯在哈佛大学获得医学博士学位。

1872年他接受了哈佛大学生理学讲师职位，在哈佛大学开设生理学和解剖学课程。1875—1876年詹姆斯开设了他的第一门心理学课程即"生理学和心理学的关系"，这是第一个美国人开设的新心理学课程。1878 年詹姆斯与出版社签订了出版《心理学原理》一书的合同。最初他认为用两年时间就可以写好这本书，不承想一写就是 12 年。1884 年他发起组织"美国心理研究协会"，在《心灵》杂志上发表他关于情绪的学说。1890 年他的著名的《心理学原理》出版了，该书文笔流畅优美，一直为后人所称道。这是詹姆斯最重要的心理学著作，出版一个世纪以来，它的力量尚未消减，它的识见也尚未落伍。1894 年和 1904 年詹姆斯两次当选为美国心理学会主席。

《心理学原理》出版后，詹姆斯觉得他已说出了他所知道的关于心理学的一切，故转向哲学的研究。在以后的岁月里，詹姆斯只写了《心理学简编》和另外两本与心理学有关的书，即《对教师讲心理学》和《宗教经验种种》。他的大部分时间集中在哲学研究和哲学著作的写作上。他的主要哲学著作有《实用主义》《多元的宇宙》《真理的意义》等。这些著作使他和皮尔士、杜威等成为实用主义哲学的倡导人。

1910 年詹姆斯逝世，终年 68 岁。他被公认为是那个时代里美国最伟大的心理学家，可他自己却对此矢口否认，甚至将心理学视作一个"讨厌的小科目"。

机能主义心理学概说

机能心理学是 19 世纪末 20 世纪初出现于美国的心理学派，它代表了当时美国心理学的主流，是在反对构造心理学的过程中产生的。这个学派受达尔文进化论的影响和詹姆斯实用主义思想的推动，主张心理学的研究对象是具有适应性的心理活动，强调意识活动在人类的需要与环境之间起重要的中介作用。

美国机能心理学的先驱是詹姆斯。1890 年，詹姆斯在《心理学原理》一书中指出："心理学是研究心理生活的科学，研究心理生活的现象及其条件。"他还主张意识的功用是使机体适应环境，强调意识是流动的东西，称为意识流。"意识流"这个词含有意识是不可分析的整体之意。他的这些主张成为后来美国机能心理学的基本信条。但是詹姆斯本人没有建立一个学派。机能心理学作为一个自觉的学派创始于杜威。其他重要代表有安吉尔和卡尔。这个学派的活动中心是芝加哥大学。

1896 年，杜威在《心理学评论》上发表了一篇文章，题目是《在心理学中的反射弧概念》。他在这篇文章中认为反射弧是一个连续的整合活动，不能把反射弧简单地还原为感觉和运动元素。他还认为一个反射与它前后的反射是相连的，不能孤立理解。他虽没有指名反对构造心理学在美国的代表铁钦纳，却以反射弧概念为题，反对构造心理学的元素主义，并阐明了心理学是研究心理功能的主张，为美国机能心理学提供了理论基础。1904 年，安吉尔出版了《心理学》教科书，更加系统地提出了机能心理学的主张：（1）认为意识是有机体适应环境的工具；（2）主张心理学属于自然科学中的生物科学类；（3）主张内省法不限于用来把心理现象分析为元素，还可以观察心理现象对于主体适应环境所执行的机能，还主张用物理科学的客观观察法来补充内省法所得不到的材料；（4）认为心理学研究的领域应包括一切心理过程、它们的生理基本以及外部行为，也包括儿童的、动物的、变态的心理。

卡尔于 1925 年出版的《心理学——对心理活动的研究》是机能心理学完成形式的代表著作。卡尔的机能心理学有两个基本概念：第一个是反向弧概念，并对其提出了三个原则；第二个是适应性行为，包括一种激发刺激，或一种感觉刺激和一种改变该情境使之能满足各种发动条件的反应。他认为心理学应同时采用内省法和客观观察法，也同意采用文化产物分析法，并主张采用日常生活的观察资料以补充系统的科学观察之不足。

由于机能心理学对心理的研究已从单纯主观方面扩大到心理的客观方面（外部行为），因此，这个学派为行为主义心理学开拓了道路。在机能心理学的影响下，个别差异心理学、各种心理测验、学习心理学、知觉心理学等在美国有了显著的发展。

詹姆斯的贡献

詹姆斯没有像冯特那样把毕生精力都贡献给心理学，没有广招门徒，也没有建立自己的心理学派；在实验方法风靡心理学领域之时他采取的都是消极的态度，对于之后流行的倾向如智力测验等，他也充耳不闻；他甚至否认过自己是心理学家，否认存在着一种新心理学。但这一切，并没有损害他在心理学发展上的导师形象，并由于他独特的人格、新颖的见解和流畅的文笔，更由于他的思想适应了美国社会发展的需要，他的著作和学说对美国甚至对世界心理学的发展均有重大影响。柯恩 1973 年调查结果表明，在心理学的第一个十年（1880—1889），最有影响的心理学家依次是冯特、詹姆斯、赫尔姆霍兹、艾宾浩斯和费希纳；在第二个十年（1890—1899），依次是詹姆斯、冯特、杜威、铁钦纳和弗洛伊德。可见詹姆斯在心理学史上的地位。

詹姆斯是作为个人而不是某个学派的领袖对美国心理学产生影响的。美国许多著名的心理学家都承认他们是受到詹姆斯的影响而走向实验心理学的道路的。从20世纪50年代起，美国心理学逐步为人本主义心理学、认知心理学所取代。令人惊异的是，虽然他们各自的观点有很大不同，但认知心理学和人本主义心理学却都从詹姆斯的《心理学原理》中引经据典。认知心理学从詹姆斯对"意识流""记忆""注意""推理"和"表象"的记述中找到了依托，而人本主义心理学又从詹姆斯对"自我意识""本能"的见解里吸取了养分。现代美国普通心理学的教科书，无论是出自何派之手，很少有不提到詹姆斯的观点的。

詹姆斯的影响不仅限于心理学领域。他使实用主义生活化的做法，使他成为美国家喻户晓的哲学家和思想家。他提出的意识流学说对西方文学艺术和思想文化也有着相当深远的影响。

总之，詹姆斯是美国心理学发展史上的第一个科学心理学家和最后一个哲学心理学家，在美国心理学的整个发展中起着承前启后的作用，对世界心理学的发展也有着重要影响。作为美国心理学之父，作为心理学的一代宗师，詹姆斯当之无愧。

逸事·詹姆斯

　　詹姆斯是心理学领域里公认的怪杰，他虽然被认为是美国心理学之父，可他自己却不承认自己是心理学家。詹姆斯最初的理想是成为一名画家。然而，他的人生方向系于父亲亨利·詹姆斯的一念之间：当父亲认为科学是新时代的先驱时，儿子就得献身于科学事业；当父亲相信哲学是知识的最高形式时，儿子的前途也就非哲学莫属了。为此詹姆斯极度不快却又无可奈何——有时候，爱也是一种伤害。

　　詹姆斯是一个复杂的人物，尽管他很有教养也有绅士风范，可有时也会十分尖刻，比如前面讲到的他评论冯特的话；尽管他是教授，却喜欢穿夹克之类的服装，喜欢外出，经常跟学生们一起漫游校园；与那个时代的其他教授迥然不同，他在授课时既活泼又幽默，甚至有一次，一位学生不得不打断他的讲课，恳请他严肃一点；他相当敏感且富有同情心，他甚至在海伦·凯勒年少时曾送给她一个她永远没有忘记过的礼物——一片鸵鸟羽毛。这就是"那个威廉·詹姆斯，真是个可爱的天才"——哲学家阿尔弗雷德·怀海特曾如是说。

4. 行为主义心理学与华生

给我几个身体发育良好的健康婴儿，将他们放在我的独特世界里养育，我担保他们中的任何一个都可成为我所选择的任何类型的专家——医生、律师、艺术家、商界巨贾，甚至乞丐和大盗，不管他的天赋、爱好、倾向、能力、职业和祖辈的种族如何。

——约翰·华生

有故事的人

美国心理学家、行为主义的创立者约翰·华生称得上是心理学史上一个颇具故事性的人。

华生画像

1878 年 1 月，华生出生于美国卡罗来纳州格林维尔附近的一个农场中。他在这里的一所单班小学里接受了早期教育。13 岁时，因父亲与一名女人私奔他乡而随母亲迁入了格林维尔城，后进入公立学校学习。少年时代的华生是个既无能又懒惰，且有暴力倾向的孩子。

举手投足都像一个农夫的华生，最终还是下定决心要出人头地。1894 年时，他进入了格林维尔的伏尔曼大学学习哲学，并在 5 年后获得了哲学硕士学位。1900 年他自荐进入芝加哥大学研究哲学与心理学，求学于教育哲学家杜威、心理学家安吉尔、神经生理学家唐纳尔森，其间他开始对心理学感兴趣，且选学了神经学和生物学等课程。1903 年华生以题为《动物的教育：白鼠的心理发展》的论文获芝加哥大学心理学博士学位，并留校任心理学系的助教。

30 岁时华生被霍普金斯大学以一份在当时非常可观的年薪——3500 美元——聘为正式教授，一直工作至 1920 年，这 12 年是他在心理学方面最有创造性的时期。1908 年他在耶鲁大学的一次讲演中首次公开自己对心理学进行比较客观研究的思想，并在 1912 年哥伦比亚大学的演讲中进一步阐述了这一观点。1913 年华生撰写的著名文章《行为主义者心目中的心理学》问世，标志着行为主义心理学正式诞生。1914 年他的第一本著作《行为：比较心理学导论》出版，书中系统阐述了行为主义心理学体系。次年他当选美国心理学会主席，实现了自己的梦想——出人头地。两年后，他对自己的立场更为完整陈述的著作《行为主义心理学》出版。

1919 年至 1920 年冬，华生主持了心理学史上最著名的实验：对一名叫阿尔伯特的婴儿进行了一次恐惧实验。就在进行此项实验时，华生与合作者——学生罗萨莉·雷纳——相爱并发生了关系。这一事件直接导致华生婚姻破裂，被迫辞去在大学的教授职位，因此他突然中断其学术经历离开学术界。

随后，华生在纽约改行从商，经营广告事业，并利用心理学知识获得丰厚回报。与此同时，他仍然著书立说介绍行为主义。1925 年他出版了半通俗的《行为主义》一书，广泛地宣传他的行为主义观点。1930 年以后，他切断与心理学的联系，完全转向从事广告商活动，直至 1945 年退休。他生命的最后几年在康涅狄格州自己的农庄中度过。1958 年 9 月 25 日逝世，享年 81 岁。

行为主义心理学派

行为主义是美国现代心理学的主要流派之一，也是对西方心理学影响最大的流派之一。该学派的主要观点是认为心理学不应该研究意识，而只应该研究行为，把行为与意识完全对立起来。在研究方法上，行为主义主张采用客观的实验方法，而不使用内省法。行为主义可以被区分为旧行为主义和新行为主义。旧行为主义的代表人物以华生为首，新行为主义的主要代表人物则是斯金纳、桑代克等。

华生认为人类的行为都是后天习得的，环境决定了一个人的行为模式，无论是正常的行为还是病态的行为都是经过学习而获得的，也可以通过学习而更改、增加或消除；他还认为查明了环境刺激与行为反应之间的规律性关系，就能根据刺激预知反应，或根据反应推断刺激，达到预测并控制动物和人的行为的目的。华生认为，行为就是有机体用以适应环境刺激的各种躯体反应的组合，有的表现在外表，有的隐藏在内部，在他眼里人和动物没什么差异，都遵循同样的规律。斯金纳认为心理学所关心的是可以观察到的外表的行为，而不是行为的内部机制。他认为科学必须在自然科学的范围内进行研究，其任务就是要确定实验者控制的刺激与继之而来有机体反应之间的函数关系。当然他不仅考虑到一个刺激与一个反应之间的关系，也考虑到那些改变刺激与反应的关系的条件。

行为主义促进了心理学的客观研究，扩展了心理学的研究领域。对行为的突出强调，不仅促进了心理学的应用，而且使人们看到新的希望。行为主义心理学的最大缺陷是将意识及认知等中介过程排斥在心理学研究的范畴之外，使人的心理过程成为不可知的"黑箱"。过分简化的"刺激—反应"公式不能解释行为的最显著特点，即选择性和适应性。致使在以后的时间里，华生的追随者们不得不一直对行为主义体系进行修修补补的工作。

心理学史上的华生

华生藐视传统，破旧立新，反对构造心理学和机能心理学，建立了行为主义心理学。他的行为主义运动矫枉过正，如否定意识无视有机体的内部过程，使心理学因重视科学化而范畴窄化；片面强调环境和教育而忽视人的主观能动性，等等。这些当然会受到不少人的非难和反对。但他的行为主义运动对心理学的发展仍有着重大贡献：首先，确定了以行为作为心理学的研究对象，消除了心理学的传统特点——主观性，恪守一般科学共有的客观性原则。其次，发展了客观的观察等方法，使心理学在方法上益趋精进。自行为主义心理学问世后，有很长一个时期，美国心理学家很少不是实际上的行为主义者；他的环境决定论观点影响美国心理学达 30 年之久。华生对心理学的深刻影响使我们没有理由不把他看作心理学的极其重要的人物之一。正如美国心理学协会于 1957 年（他逝世的前一年）在授予他金奖时的一段褒奖文字中所说：他的工作是构成现代心理学的形式与内容的极其重要的决定因素之一。他发动了心理学思想上的一场革命，他的作品是富有成果的研究工作，是延续不断的航程的起点。

逸事·华生

华生是一位天才的叫卖者和推销员，在向其他人宣扬他的思想时，总是以富有煽动性和坚定不移的口吻，表现出极强的自信心。从容貌上来说，华生是一位"帅哥"，他的面孔棱角分明，下巴坚挺，一头黑发波浪起伏，因而终其一生，他总是情场得意，身边总是不乏漂亮的女性。他一生有过两次婚姻，第二任妻子即是罗萨莉·雷纳。当年，华生被迫从霍普金斯大学离开后不久，就迎娶了罗萨莉，并与她生下两个儿子。后来，罗萨莉因感染痢疾后久治不愈，30 多岁即去世。其时，华生 58 岁，他悲痛欲绝，终生再没有婚娶。但他从没有在两个孩子面前提过这位他非常在乎的妻子，以至于后来，一个孩子回忆说："她（罗萨莉）好像未曾存在过一样。"由此，我们不难看出华生是多么地排斥自省和自我揭示。

5. 格式塔心理学与韦德海默三人组

我们并没有被迫从心理学和普遍意义的科学中废弃诸如意义和价值这些概念，相反，我们必须利用这些概念以更全面地理解思维和这个世界。

——科特·考夫卡

铿锵三人组

格式塔心理学是由德国心理学家韦德海默于 1912 年在德国的法兰克福首创，是以反对铁钦纳的构造主义心理学起家的。"格式塔"这一名称，是对形状、完形、整体等意思的德文"gestalt"译音，中文译为"完形"，因此格式塔学派又称完形学派。格式塔不是指孤立不变的现象，而是指通体相关的完整的现象。完整的现象具有它本身的完整的特性，它既不能割裂成简单的元素，同时它的特性又不包含于任何元素之内。

格式塔心理学是西方心理学发展史上一个比较大的流派，它的主要代表人物有三位，除韦德海默外，其余两位分别是沃尔夫冈·科勒和科特·考夫卡。三人性格及爱好不同却能各司其职，取长补短，从而结出出乎意料的硕果。

（一）"智慧之父，思想家和革新者"

麦克斯·韦德海默，1880年生于布拉格，犹太人。长相颇具孩子气，头略秃，蓄胡，有诗人气质，生性热情、幽默、乐观。18岁时入布拉格大学学习，1904年在格拉兹大学获哲学博士学位。他担任讲师一职直至1929年，49岁时才被评为全职教授。好景不长，4年后，因纳粹迫害，举家迁往美国，在纽约社会研究新学院教授社会研究，自此再没有在心理学领域内坐上交椅。他最大的贡献是创立了格式塔心理学，在该学派上影响最大。

韦德海默画像

（二）"内勤人员，干实事者"

沃尔夫冈·科勒，1887年出生，德国人。1909年，22岁的科勒在柏林大学获得哲学博士学位，后来到法兰克福大学工作。1913—1920年，他在特纳里夫岛从事黑猩猩研究，并在此基础上提出了著名的顿悟学习理论。34岁时，科勒被任命为德国心理学机构中的最高职位——柏林大学心理学研究院院长一职，后因纳粹插手该院，他愤而离职，来到美国，并在那里度过余生。科勒是三人中最刻苦的，他为人正派、高傲、古板——只有结交了10年的朋友，他才肯用"你"来替代"您"。

科勒画像

（三）"推销员"

科特·考夫卡，1886年生于柏林，拥有犹太血统。23岁时，与科勒同年获柏林大学博士学位，并于次年至法兰克福任教。14年后，他在基赞大学成为特聘教授。后来，同样为躲避纳粹的迫害而来到美国，并在斯密斯大学教授心理学直至去世。考夫卡个子矮小，身形瘦削，内向且敏感严肃，他是格式塔学派最卖力的宣传员，一生著作等身。

考夫卡画像

概说格式塔心理学

1912年，韦德海默发表了一篇题为《似动的实验研究》的论文，标志着格式塔心理学的开始。该学派主张：人的每一种经验都是一个整体，不能简单地用其组成部分来说明，其整体大于部分之和。

格式塔学派认为知觉经验服从于某些图形组织的规律。这些规律也叫作格式塔原则，主要有图形和背景原则、接近性原则、相似性原则、连续性原则、完美图形原则等。客观刺激容易按以上的规律被知觉成有意义的图。

在格式塔学派建立后的数十年里，其理论被应用到学习、问题解决、思维等其他领域。格式塔学派认为，条件化的重复性学习是最低级的学习方法，学习是对关系的掌握。在科勒看来，关系的掌握即是理解过程。一旦学习者知觉到特定情境中各要素间的相互关系，产生出新的经验，就会出现创造性的结果。这种突然贯通的解决问题过程称为顿悟。

20世纪50年代前后，格式塔理论被推广到人格、社会及临床心理学领域里。60年代，新兴的认知心理学吸取了格式塔心理学的某些观点，特别是格式塔心理学对思维研究的成果。目前，格式塔学派在个别领域中仍相当有影响力。例如，在知觉研究中，格式塔观点仍占主导地位。但是在当代心理学中，格式塔心理学已经不作为一个独立的学派进行活动了。

格式塔心理学派作为一个独立的学派，对于人们对意识经验产生兴趣，至少把意识经验看作心理学的一个合法的研究领域，并继续促使人们对意识经验进行研究是有意义的。同时格式塔学派对同时期的学派中肯而坚定的批评，对心理学的发展也具有重要影响。

6. 精神分析与弗洛伊德

谁想在今后三个世纪内写出一部心理学通史，而不提弗洛伊德的姓名，那就不能自诩是一部心理学的通史了。

——心理学史家 波林

先知？骗子？

在心理学史上，有这样一位心理学家：他的理论既备受吹捧，又惨遭批评；其人格既备受尊崇，又遭遇诋毁；他既被视为一位伟大的科学家、令人尊敬的学派领袖，同时又被斥责为骗子。他的崇拜者和批评家都一致认为，他对心理学的影响、对心理治疗的影响、对西方

弗洛伊德画像

人看待自己的方式的影响，比科学史上的任何人都要大得多；而在其他人看来，他们似乎是在谈论不同的人和不同的知识体系。

这个人就是弗洛伊德。在近 100 年的人类历史上，至少有三个犹太人，对人类的发展做出了划时代的贡献：马克思、爱因斯

坦和弗洛伊德。其中，奥地利心理学家弗洛伊德，是20世纪世界名人中最有争议的人物之一。早在20世纪20年代，他所创立的精神分析学，就在世界上产生了影响。他的学说接触了传统心理学较为忽视的潜意识，扩大了心理学研究领域，使心理学研究的层次加深了，以至他的学说在文学、医学、哲学等方面都引起了反响。

西格蒙德·弗洛伊德于1856年出生在现属捷克的摩拉维亚的弗赖堡。4岁时随全家迁居到维也纳，他的一生几乎都是在那里度过的。弗洛伊德读书时就是一个出类拔萃的学生，1881年他在维也纳大学获得医学博士学位。在随后的10年中，他在一个精神病诊所行医，个人开业治疗神经病，同时致力于生理学的研究。

1895年弗洛伊德出版了自己的第一部心理学论著《歇斯底里论文集》，他的第二部论著《梦的解析》于1899年问世，这是他最有创造性、最有意义的论著之一。虽然该书初期非常滞销，但是却大大地提高了他的声望，他的其他重要论著也随即相继问世。1901年他发表了《日常生活中的心理病理学》一书；1902年他在维也纳组织了一个心理学研究小组，艾尔弗雷德·阿德勒、奥托·兰克都是其中最早的成员，几年以后卡尔·荣格也加入了这个行列，这三人后来都成了名副其实的世界著名心理学家。1903年，弗洛伊德发表《性学三论》。1908年应美国克拉克大学校长、著名心理学家S.霍尔邀请，弗洛伊德在美国做了一系列演讲，使得弗洛伊德声名远播。然而，回国后，他的一些弟子阿德勒、荣格和兰克等反对他的泛性论，先后背离他而自立门户。

第一次世界大战期间及战后，他不断修订和发展自己的理论，提出了自恋、生和死的本能及本我、自我、超我的人格三分结构论等重要理论，使精神分析成为了解全人类动机和人格的方法。20世纪30年代，他的理论达到顶峰，为此1930年，他被授予歌德奖。

他67岁时患了颌癌，为了解除病根，他此后的16年里先后做过30多次手术。尽管如此，他仍然坚持工作。1938年纳粹分子入侵奥地利，由于弗洛伊德是犹太人，年届82岁高龄的他被迫离开生活了一生的维也纳逃往伦敦，翌年在那里不幸去世。弗洛伊德婚后育有6个孩子，其中，小女儿安娜·弗洛伊德继承并发展了他的学说，成为著名的儿童精神分析学家。

弗洛伊德终其一生都在从事临床心理治疗和写作，他独特的观点和人格也受到来自正反两个方面的赞誉和攻击。但不管如何，他的精神分析无可争议地对心理学、精神病学、文学艺术、社会学、人类学以及人类生活的各个方面都产生了巨大影响。正如社会学家和弗洛伊德研究学者菲利普·里夫所言："这个人的伟大毋庸置疑！"

弗洛伊德的精神分析理论

精神分析学派是弗洛伊德在毕生的精神医疗实践中，对人的病态心理经过无数次的总结、多年的累积而逐渐形成的。主要着重于精神分析和治疗，并由此提出了对人的心理和人格的新的独特的解释。弗洛伊德精神分析学说的最大特点，就是强调人的本能的、情欲的、自然性的一面，他首次阐述了无意识的作用，肯定了非理性因素在行为中的作用，开辟了潜意识研究的新领域；他重视人格的研究、重视心理应用。

弗洛伊德的精神分析理论主要由以下几种基本理论构成：

（1）精神层次理论：该理论是阐述人的精神活动，包括欲望、冲动、思维、幻想、判断、决定、情感等，会在不同的意识层次里发生和进行。不同的意识层次包括意识、前意识、潜意识等三个层次，好像深浅不同的地壳层次而存在，故称之为精神层次。

（2）人格结构理论：弗洛伊德认为人格结构由本我、自我、超我三部分组成。（3）性本能理论：弗洛伊德认为人的精神活动的能量来源于本能，本能是推动个体行为的内在动力。（4）释梦理论：弗洛伊德是一个心理决定论者，他认为人类的心理活动有着严格的因果关系，没有一件事是偶然的，梦也不例外。（5）心理防御机制理论：心理防御机制是自我的一种防卫功能，它包括压抑、否认、投射、退化、隔离、抵消转化、合理化、补偿、升华、幽默、反向形成等各种形式。

关于弗洛伊德

由于弗洛伊德的许多学说仍有很大争议，因此很难估计出他在历史上的地位。他有创立新学说的杰出才赋，是一位先驱者和带路人。但是弗洛伊德的学说与达尔文的不同，从未赢得过科学界的普遍承认，所以很难说出他的学说中有百分之几最终会被认为是正确的。我们遍翻典籍，也无法找到一个合适的评论，在面对他这样一座高山时，我们只有仰望而已。或许，我们可以从下面的一些文字中找到些什么。

在弗洛伊德晚年的《关于自传的研究》一文中，他这样写道："回顾这一生中所做的这些细碎工作，我可以说的是，我只不过做了许多个开端，也提过许多个建议而已。将来有一天，它们中有可能衍生出什么，不过，我自己无法确定规模。然而，我可以表达一个希望，即我打开了一个通道，沿着这个通道，我们的知识将长驱直入。"

"我并不指望许多人的爱。我没有取悦于他们，没有为他们提供舒适的生活，也没有给他们熏陶。我没有在意这些。我只想探索、解开一些谜团，只想揭示一点真相。"

1936年，在弗洛伊德的80岁生日那天，托马斯·曼、罗曼·罗兰等近200位各领域著名的知识分子共同送给他一段话，其中写道：

"这位勇敢无畏的先知和救难者，一直是两代人的向导，引领着我们进入人类灵魂中未曾有人涉足过的领域……哪怕他的研究中有个别结果将来可能会被改造或加以修正，但他为人类提出的一些问题却永远不会被人遗忘。他获取的知识是无法否认也无法被埋没的……如果我们这个种族有什么业绩能够永垂青史的话，那就是他对人类心灵的深层所做出的探索。"

弗洛伊德之死

1939年9月21日，伦敦，寓所，病榻，弗洛伊德。

由于口腔癌，医生前些日子已经切开了他的面颊以控制致命的肿瘤蔓延，刀口发出的恶臭使他的爱犬也不愿走近。弗洛伊德已到弥留之际，病痛愈加难以忍受，这位 83 岁的老人无法进食，为躲开苍蝇，他终日躺在蚊帐里。

　　弗洛伊德对他的医生舒尔茨说："亲爱的舒尔茨，你还记得我们的第一次谈话吗？你当时向我保证，如果我再也熬不下去，你会帮我。现在只剩下痛苦，挺下去已没有任何一点意义。"

　　舒尔茨点点头，紧紧握住这位老人的手。他告诉安娜·弗洛伊德，他曾答应她父亲，在生命的最后时刻，帮助他使用镇痛剂。

　　舒尔茨给他打了一针吗啡，12 小时后又打了一针。弗洛伊德随后陷入昏迷。第二天清晨，弗洛伊德的心脏停止了跳动，墙上的时钟指向了 1939 年 9 月 23 日凌晨 3 点。

　　选择一种有尊严的体面的死亡，安静、成熟而坦然地面对死亡，这就是这位大师最后所表现的。

7. 发展心理学与皮亚杰

没有皮亚杰，儿童心理学将是微不足道的。

——英国发展心理学家　彼特·布莱安特

老顽童

让·皮亚杰，著名心理学家，发生认识论创始人。1896 年 8 月生于瑞士的纳沙特尔，是家中的长子。皮亚杰自幼聪慧过人，喜欢生物学和哲学，在他 11 岁时，就已发表过一篇关于当地鸟类的论文。

皮亚杰于 1915 年和 1918 年分别获得纳沙特尔大学学士学位和博士学位。1919 起，在苏黎世及巴黎从事精神病诊

皮亚杰画像

治及儿童测验工作。其间学习了病理心理学，并阅读了弗洛伊德和荣格等人的著作。儿童测验的工作，促成了他对儿童发展心理学的研究。

1921 年，应日内瓦大学的邀请，皮亚杰从巴黎回到日内瓦并担任该校卢梭研究院的实验室主任，3 年后升任教授，后又任该

院院长，并在国内外多所大学执教。他曾先后当选为瑞士心理学会、法语国家心理科学联合会主席，1954 年任第 14 届国际心理科学联合会主席。此外，他还长期担任联合国教科文组织的多项职务。

为致力于研究发生认识论，皮亚杰于 1955 年在日内瓦大学创建了著名的"国际发生认识论中心"并任主任，该中心邀请各国著名哲学家、心理学家、教育家、逻辑学家、数学家、语言学家和物理、生物学家以及控制论学者进行跨学科的研究，对于儿童各类概念以及知识形成的过程和发展进行深入研究。1971 年皮亚杰退休，1980 年 12 月去世。

皮亚杰一生涉及过很多领域，发表了 500 多篇论文和 50 多部专著，包括《儿童的语言和行为》《儿童的判断与推理》《儿童的道德判断》《智慧心理学》《发生认识论导论》《发生认识论原理》《结构主义》等。虽然皮亚杰是以儿童心理学研究称著于世，但他自己更愿意成为一个"发生认识论者"，正如一位传记作家所言："他首先是一个生物学家和哲学家，其次才是一个发展心理学家。"

日内瓦学派

日内瓦学派是当代儿童心理学和发展心理学中的主要派别，又称皮亚杰学派，产生于 20 世纪 20 年代的瑞士，代表人物是皮亚杰。1950 年他发表了三卷本《发生认识论导论》，标志着发生认识论体系的建立。

其主要工作是通过对儿童科学概念以及心理运算起源的实验分析，探索智力形成和认知机制的发生发展规律。他们认为，人类智慧的本质就是适应，而适应主要是因有机体内的同化和异化两种机能的协调，才使得有机体与环境取得了平衡的结果。认识发生论是这一流派的核心，这一理论主要从纵向来研究人的各种认知的起源以及不同层次的发展形式的规律。

在皮亚杰学派以前的各学派，都是停留在成人正常的意识或病态的意识以及行为的横断面的研究上，而从未由儿童到老年纵向地全面发展地去考察、去研究人类智慧的发生、发展规律。因此，皮亚杰学说对心理的研究，不能不说是心理学史上的一个空前创举，它丰富和发展了科学的认识论，拓展了心理学研究的领域，促进了儿童心理学和认知心理学的发展。

逸事·皮亚杰

皮亚杰性情温和、庄重、慈祥、热情且友善，一生从未招惹到恶意的诽谤。"老板"是同事和朋友们对他的亲切称呼。他一生中的大部分时间都在观察儿童的言行和玩耍，甚至有时候亲自参与游戏，直到晚年依然如此。有趣的是他的儿童心理学理论就是在研究自己的两个女儿和一个儿子的基础上创立的。皮亚杰与巴甫洛夫、弗洛伊德一起被西方学者公认为当代心理学三大巨人，是20世纪最负盛名的学者之一。

皮亚杰在小时候，十分喜欢生物。他曾鼓起勇气给纳沙特尔自然博物馆馆长写信，问自己是否可以在每天闭馆之后研究馆藏藏品。不久他就收到了回信,上面写到:"好吧,欢迎你来这里充当浮士德的仆人!"

这个自称"浮士德"的馆长是位学识渊博的软体动物学专家。他让这个"小仆人"在晚上博物馆闭馆以后来当差,每周两次,工作是给陈列着的贝壳标本贴上标签。他对皮亚杰说:"别嫌麻烦,我的小仆人!为了获得知识,浮士德不惜向魔鬼出卖自己的灵魂;而你,为了知识,也该向浮士德出卖一下体力。"

皮亚杰在博物馆贴了整整四年的标签,从未间断过。他从馆长那里认识了多种软体动物,学会了分类学知识。四年的工作不仅使皮亚杰接受了生物学系统知识的严格训练,也使他个人搜集的塘螺壳达130种之多,几乎成了软体动物学的"俘虏"。在他还不到16岁时,就已经在一些动物学杂志上发表了许多关于软体动物的研究类文章,是位名副其实的"神童"。

8. 人本主义心理学与马斯洛、罗杰斯

> 心若改变，你的态度跟着改变；态度改变，你的习惯跟着改变；习惯改变，你的性格跟着改变；性格改变，你的人生跟着改变！

——马斯洛

自我实现者

人本主义心理学在 20 世纪 50、60 年代兴起于美国，是当代心理学主要流派之一。以马斯洛、罗杰斯等人为代表的人本主义心理学派，与精神分析学派和行为主义学派分道扬镳，形成心理学的第三思潮。

（一）马斯洛

1908 年，智商高达 194 的天才，人本主义心理学主要创始人之一，被誉为"人本主义心理学之父"的马斯洛出生在纽约市布鲁克林区一个犹太家庭，是家中七个孩子的老大。少年时代的马斯洛是一个害羞、敏感并且神经质的孩子，为了寻求安慰，他把书籍当成避难所，从小就是个书虫。

马斯洛画像

1926 年他进入大学攻读法律专业，后转学心理学，1934 年在著名心理学家哈洛的指导下获得哲学博士学位，随后到哥伦比亚大学担任桑代克的助手。第二次世界大战后，马斯洛到美国布兰迪斯大学心理学任教授兼系主任。在此期间，他出版了《动机与人格》和《存在心理学探索》两本书，奠定了人本主义心理学的理论基础。1963 年，在他与其他心理学家的积极倡导下，美国建立了人本主义心理学会。马斯洛曾任美国人格与社会心理学会主席和美国心理学会主席（1967）职位。

晚年的马斯洛在人本主义心理学的基础上开始建设一种新的超越个人经验的心理学，这种超个人心理学构成了心理学的第四势力。1970 年 6 月初，马斯洛因心脏病突发不幸去世。

马斯洛一生著作颇丰，除上述两种外，还有《科学心理学》《人性能达到的境界》《宗教、价值和高峰体验》等。他从个人心理生活的角度提出人的动机和需要的层次，认为人的动机和需要是一种层次结构，心理生活是一个由低到高逐渐实现的过程。他认为人有能力创造出一个对整个人类以及每个人来说更好的世界。

（二）C. 罗杰斯

1902 年 1 月，罗杰斯出生于芝加哥郊区一个富裕的土木工程师家庭。17 岁时进入大学学习，1928 年获得哥伦比亚大学临床心理学硕士学位，三年后获得哲学博士学位。在大学期间，他认识了华生、阿德勒等心理学大师。后曾出任纽约罗切斯特"禁止虐待儿童协会"儿

罗杰斯画像

童社会问题研究室主任，罗切斯特儿童指导中心主任。1940—1962年，他先后在多所著名大学任教，1964年起的四年里，他成为加利福尼亚一个研究中心的研究员，主要致力于人本主义人际关系的研究。1987年，罗杰斯因手术后并发症去世。

罗杰斯曾先后担任过美国应用心理学学会主席、美国心理学学会主席、美国临床与变态心理学分会主席等多个心理学重要学术团体的领导人。有学者将罗杰斯列为第二次世界大战后最有影响的100位心理学家的第四位。罗杰斯一生勤于治学，著作等身。先后发表过200多篇论文和16部著作，其中，代表作有：《咨询和心理治疗：新近的概念和实践》《当事人中心治疗：实践、运用和理论》《在患者中心框架中发展出来的治疗、人格和人际关系》《自由学习》《个人形成论：我的心理治疗观》和《一种存在的方式》等。他的著作已被翻译成十几种语言，在世界各国有广泛的影响。

如果说，马斯洛的贡献主要表现在人本主义心理学的理论取向与基本理论的开创，特别是对人本主义心理学的组织和领导上，那么罗杰斯的贡献则集中表现在他把实践中总结出来的以人为中心的人本主义心理学理论，广泛地应用于医疗、教育、管理、商业、司法等诸多社会生活领域以及国际关系当中，成为人本主义心理学最有影响的代表人物之一。

人本主义心理学

"人本主义"一词是与科学主义相对照而提出的。近代西方心理学中有模仿物理学和生物学方法研究心理现象的倾向。人本主义心理学家认为这种传统的科学方法不足以解决人类更复杂的心理学问题，特别是涉及价值观和信仰的问题。因此他们主张改善心理学的研究方法，扩大科学研究的领域，使人的精神生活也能得到科学的理解，以弥合当代科学与信仰的分裂。

（一）马斯洛的自我实现论

马斯洛认为人类行为的心理驱力是人的需要，他将其分为两大类、五个层次，像一座金字塔，由下而上依次是生理需要、安全需要、归属与爱的需要、尊重的需要和自我实现需要。人在满足高一层次的需要之前，必须先部分满足低一层次的需要。第一类需要称为缺失需要，可引起匮乏性动机，为人与动物所共有，一旦得到满足，紧张消除，兴奋降低，便失去动机，包括生理需要、安全需要、归属与爱的需要、尊重的需要。第二类需要称为成长需要或超越需要，可产生成长性动机，为人类所特有，是一种超越了生存满足之后，发自内心的渴求发展和实现自身潜能的需要，主要指认知的需要、审美的需要和自我实现的需要。满足了这种需要个体才能进入心理的自由状态，体现人的本质和价值，产生深刻的幸福感，马斯洛称之为"顶峰体验"。

马斯洛认为人类共有真、善、美、正义、欢乐等内在本性，具有共同的价值观和道德标准，达到人的自我实现关键在于改善人的"自知"或自我意识，使人认识到自我的内在潜能或价值，人本主义心理学就是促进人的自我实现。

（二）罗杰斯的人本主义心理学

（1）人性观：首先，积极肯定人的本性；其次，强调人性是发展变化的；最后，人的认识活动的基础是意识经验。

（2）自我论：这是罗杰斯人格理论和心理治疗理论的基础与核心。强调人的自我认知能力，自我是自我经验的产物，经过引导人能认识自我实现的正确方向。

（3）心理治疗观："以人为中心的治疗"，根本原则就是人为地创造一种绝对的无条件的积极尊重气氛，使就诊者能在这种理想气氛下，修复其被歪曲与受损伤的自我实现潜力，重新走上自我实现、自我完善的心理康庄大道。

（4）人本主义教育观："以学生为中心"的教育观认为，教育的宗旨和目标应该是促进人的变化和成长，培养学会学习的人。"教人"比"教书"重要。

逸事·马斯洛

马斯洛的父母是从苏联移民到美国的犹太人。父亲酗酒，对孩子们的要求十分苛刻；母亲极度迷信，而且性格冷漠残酷暴躁，马斯洛小时曾带两只小猫回家，结果小猫被母亲当面活活打死。马斯洛童年生活很痛苦，几乎从未得到过母亲的关爱。后来母亲去世时，他拒绝参加葬礼，可见其母子关系之恶劣。

他童年时体验了许多的孤独和痛苦。不仅如此，作为犹太人，他们住在一个非犹太人的街区，上学后又是学校少有的几个犹太人之一，这一切使马斯洛成了一个害羞、敏感且神经质的孩子。

为了寻求安慰，他把书籍当成避难所。后来当他回忆童年时，他说道："我十分孤独不幸。我是在图书馆的书籍中长大的，几乎没有任何朋友。"上学后的马斯洛由于天赋极高，学习成绩十分优秀，其状况才有所改变。马斯洛从五岁起就是一个书虫，他经常到街区图书馆浏览书籍，当他在低年级学习美国历史时，托马斯·杰斐逊和亚伯拉罕·林肯就成了他心中的英雄。几十年以后，当他开始发展自我实现理论时，这些人则成了他所研究的自我实现者的基本范例。青少年时期他曾因体弱貌丑（鼻子太大）而极度自卑，借锻炼身体冀求得到补偿。进入大学后读到阿德勒著作中自卑与超越的概念，得到启示，从此改变了他的一生。马斯洛的早年经历不仅影响了儿时的马斯洛，而且使成年甚至成名后的马斯洛仍然害怕当众发言，以至于每一次演说之前他都会经历极为强烈的焦虑体验。

第二课

人格的构成与命运

1. 什么是人格

概说人格

在读书的时候，我们能感受到书中作者所刻画的各种人物的心理特征，有的英勇，有的懦弱，有的急躁，有的沉稳；在我们的现实生活中，也有各种各样的人，有的人外向开朗，有的人沉默孤僻，有的人冲动鲁莽，有的人谨慎小心……这些心理特征其实就是心理学意义上的人格。

"人格"一词来源于古希腊语，最初的意思是指古希腊戏剧演员在舞台演出时所戴的面具代表着剧中人物的角色和身份。由此，我们就可以看出，"人格"一词具有两个层次的含义：人格的"面具"是人们遵从社会文化习俗的要求而做出的反应和人的外在品质，就像演员在舞台上根据角色要求而佩戴的面具；内在特征是面具后面的真实自我，一个人不愿意展现的人格成分，如同演员在戏剧落幕后摘掉面具回到真实生活中。

一直以来，人格就是心理学家所关注的重要课题之一，但是不同的学者和学派对人格的理解并不一致，对人格的定义也是各不相同。迄今为止，尚没有一个人格定义得到心理学研究者们的一致首肯。综合不同心理学家的看法，我们可以将人格的概念界定为：人格是个体材质、情绪、愿望、价值观和习惯性行为方式的有机整合，它赋予个体适应环境的独特模式。这种知、情、意、行的复杂组织是遗传与环境交互作用的结果，包含着个体受过去的影响以及对现在和未来的建构。

人格的特征

人格是一个具有丰富内涵的概念，其中反映了人的多种本质特征。

（一）人格的独特性

个体的人格是在遗传、环境、教育等因素的交互作用下形成的。不同的遗传、生存及教育环境，形成了个体各自独特的心理特点。人与人之间没有完全一样的人格特点。所谓"人上一百，形形色色"，就是说人格的独特性。但是，人格的独特性并不意味着人与人之间的个性毫无共性可言。在人格形成与发展中，既有生物因素的制约作用，也有社会因素的作用。人格作为一个人的整体特质，既包括每个人与其他人不同的心理特点，也包括人与人之间在心理、面貌上相同的方面，如每个民族、阶级和集团的人都有其共同的心理特点。人格是共同性与差别性的统一，是生物性与社会性的统一。

（二）人格的稳定性

人格具有稳定性。个体在行为中偶然表现出来的心理倾向和心理特征并不能表征他的人格。俗话说，"江山易改，禀性难移"，这里的"禀性"就是指人格。比如，一个慢性子的人，不仅走路吃饭慢悠悠的，连说话也是慢条斯理的。当然，强调人格的稳定性并不意味着它在人的一生中是一成不变的，随着生理的成熟和环境的变化，人格也有可能产生或多或少的变化，这是人格可塑性的一面，正因为人格具有可塑性，才能培养和发展人格。人格是稳定性与可塑性的统一。

（三）人格的整合性

个体的人格是由多种成分构成的一个有机整体，具有内在一致性，受自我意识的调控。人格整合性是心理健康的重要指标。当一个人的人格结构在各方面彼此和谐统一时，他的人格就是健康的。否则，可能会出现适应困难，甚至出现人格分裂，危及个体的身心健康。

（四）人格的功能性

一个人的人格决定了他自己的生活方式，甚至决定一个人的命运，因而是人生成败的根源之一。当人们遭受到挫折与失败时，坚强者能奋发拼搏，懦弱者则会一蹶不振，这就是人格功能的表现。因此，人格决定了一个人的生活方式，命运是由个体的人格而不是性格决定的。

2. 你属于什么人格类型

"特殊的人格"的本质不是人的胡子、血液、抽象的肉体的本性，而是人的社会特质。

——卡尔·马克思

不同的心理学家将人格分成不同的类型：弗洛伊德按照本我、自我、超我三个层次对人格进行把握；荣格则根据心理倾向对人格进行分类；人本主义者则强调"人性本善，以人为本"；奥尔波特的特质理论把人格分为若干个特质要素；吉尔福特把人格特质分成 13 种；而九型人格理论则根据独特的分类法把人格分成九种，等等。

弗洛伊德的"三我"结构

1923 年，弗洛伊德正式提出了一套完整的人格理论。他认为人格是由三个独立且相互作用的部分组成：本我、自我和超我。

本我是人格中原始、天生的部分。处于人格结构的最底层，是本能和欲望组成的心理能量系统。本我遵循快乐原则。

自我处于人格的中间层，是平衡本我欲望与外在显示冲突的部分，受超我控制，追求现实的目标。自我遵循现实原则。

超我处于人格结构的最高层，是社会道德和规范内化的结果，抑制本我和监控自我，追求完善的境界，包括良心和自我理想两个部分。超我遵循道德原则。

弗洛伊德认为超我、自我和本我三者之间的关系协调，则人可以保持心理健康，否则就会导致心理疾病。

荣格的心理倾向分类

瑞士心理分析学家荣格曾经是弗洛伊德的最著名的学生之一，曾一度被认为是弗洛伊德的接班人，但他却提出与老师截然不同的人格理论。

荣格将人格特征分为外向型和内向型两种。

外向型的人总是对外界很关心，有以外界事实为基准对事情做出决定的倾向，思维方式比较客观。一方面，情感表露在外，热情奔放，做事情当机立断；但另一方面，性情有不稳定的倾向，有时缺乏耐心。另外，在社会交往中容易受到他人的影响也是这种人的一个特征。

内向型的人只对自身感兴趣，对事情的把握主观性很强，做事情决断力比较差，但有耐心，不怕麻烦，做事谨慎，深思熟虑。

人本主义人格理论

人本主义人格理论主张每个人都具有将自己的能力引向更高

层次的倾向和潜力，强调"以人为本、人性本善"。人本主义理论认为，主动的自我变革和自我促进能力，以及人所独有的创造力冲动才是人格的核心部分。

其中，罗杰斯的理论以个体的自我为中心，人们都有寻求积极关注的需要，这是一种被他人所爱和尊重的需要。通过他人，我们借以了解和评价自己；由于他人的积极关注，自我得以成长。

马斯洛则提出了人类由低到高的五个层次的需要：生理需要、安全需要、归属与爱的需要、自尊需要和自我实现的需要。他认为每个人都有自我实现的需要，自我实现是个体发展的最高境界，是人生追求的最高目标。

奥尔波特的特质理论

奥尔波特把人格分为共同特质和个人特质两类。前者是在某一社会文化形态下大多数人共有的、相同的特质；个人特质是人们身上独有的特质，又分为首要特质、中心特质和次要特质三种。首要特质是一个人最有代表性的特质，是人们一贯的表现；中心特质是构成人们独特表现的重要特质；次要特质是个体一些不太重要的特质，往往只有在特殊的情况下才会表现出来。

吉尔福特的人格特质理论

吉尔福特通过研究归纳出了包括抑郁型、循环型倾向、自卑感、神经质、行动型、支配型、社会外向型和男性气概（女性风度）等 13 种人格特质。

九型人格理论

九型人格理论是独特的性格分类方法，揭示了人们内在的价值观和动力源泉，它将人格分成九种类型，包括完美型、全爱型或称助人型、成就型、艺术型或称自我型、智慧型或称思想型、忠诚型、活跃型或称开朗型、领袖型或称能力型、和平型或称和谐型。该理论可以让人们了解自己的个性，发现自己性格的优势和不足，从而获得更好的发展。

"大五"人格

"大五"人格是目前最具影响力的特质理论，认为人格有五种特质，包括开放性、责任心、外倾性、宜人性和神经质（情绪稳定性）。该理论模型在不同的群体中表现出了较好的一致性，有研究证明"大五"是对人格的最佳描述。

3. 影响人格形成与发展的因素

成人的人格的影响，对于年轻的人来说，是任何东西都不能代替的最有用的阳光。

——乌申斯基

人格是构成一个人的思想、情感及其行为的特有统合模式。构成个体人格的各种心理特点是在先天遗传因素与后天环境因素的影响下逐渐发展起来的。具体的因素包括以下一些内容。

先天生物遗传因素

个体的先天生物基础与人格的形成有着密不可分的联系。个体的遗传基因、神经系统尤其是大脑的特性、体内的生化物质是人格形成的基础。另外，个体的外貌特征也对人格的形成有一定的影响。

（一）遗传基因

个体是由来自父亲的精子和来自母亲的卵子成功结合形成受精卵之后产生的，受精卵承载着来自父母双方的遗传信息，这些信息不仅决定了我们每个个体的生理特点，也影响我们人格的形成。同卵双生子和异卵双生子的比较研究即已证明了这一点。

（二）神经系统及大脑

每个个体无论有多么复杂的人格和行为特征，都是这个个体神经系统和大脑工作的产物，大脑是人格产生的主要物质基础。研究证明，个体大脑皮层细胞的配置特点、细胞层结构的特点都影响着个体的高级神经活动特征，还影响着个体的气质、性格和能力。

（三）生化物质

人们体内各种生化物质的每一个微小变化都会影响一个人的行为模式或人格特征，如多巴胺分泌过多可能会导致精神分裂。

（四）外貌特征

每个个体的体貌特征对个体人格的形成也有一定影响。每个人外貌特征的特点，如肤色、脸庞、身高、体重等，都具有社会适应的意义，都会受到他所在社会和群体的评判，从而影响个体的人格特征。

后天环境因素

人格的形成同样离不开环境的影响，这种影响包括胎内环境、自然环境、家庭环境、学校环境和社会环境等多种因素。这些因素有的影响着所有个体，有的只对特定的个体起作用。

（一）胎内环境

对个体人格形成产生作用最早的环境就是受孕母体的子宫。从受孕到出生，婴儿一直生长在母体内的胎盘里，通过脐带从母亲那里得到营养。不同母体的子宫环境不相同，婴儿的发育自然也不相同，对婴儿人格形成的影响也不相同。比如，母亲缺少维生素，会影响婴儿的先天健康；抽烟酗酒的母亲对婴儿的影响更是自不待言。

（二）自然环境

所谓"一方水土养一方人"，地球上的人们生长在各自不同的自然环境中，受到不同的地理环境和气候环境等多种因素的影响，所形成的人格自然有着各种各样的差异。如，我们将分别生活在地球寒带的爱斯基摩人和生活在热带的非洲人相比较，人格特征差异之明显，通过他们的言行举止一眼就能明了。

（三）家庭环境

家庭是婴儿出生后最先接触到的世界。家庭的结构类型（如单亲家庭、双亲家庭）、教养方式（如民主型、专横型）、家庭气氛（如亲密温暖型、淡漠独立型）、家庭中子女的多少（如独生子、多子女）、家庭中出生的顺序等各种因素，都会对人格形成和早期发展产生许多影响。如，亲密温暖的家庭氛围可以很好地促进儿童成熟、独立、友好和自主等人格特征的发展。家庭被誉为"人类性格的工厂"，它塑造了人们不同的人格特质。

（四）学校环境

学校环境对人格的形成有着极其重要的影响。学校不仅从思想上、知识上、行为上给予学生全面的指导，对学生形成完善的人格和良好的品行有着重要的作用，而且学校的氛围、教师的言行对学生人格的形成也起着潜移默化的影响。如，一个良好的学习氛围对学生的价值感、自控性、自信心等人格特点的发展有着显著的促进作用。

（五）社会文化环境

每个人都处在特定的社会文化环境中，文化对人格的影响极为重要。不同类型的社会文化可以形成不同的人格特征。发源于黄河流域的中华文明，使中国人形成了重感情、讲人伦、谨慎温和的内倾型人格，而发源于古希腊的西方文化，传承了独立自主、重视理性科学和个人价值的西方人格特征。

4. 遗传决定论与环境决定论

遗传与环境对人性格的作用

人的性格是由遗传决定的还是由环境决定的？这是千百年来人们争论不休的一个话题。通常，心理学家都会说：性格是由先天遗传因素和后天环境相互作用、共同决定的结果。甚至，有心理学家认为人的感情层面主要由遗传决定，而知识层面则由环境决定。

人格的形成是个体与环境不断交互作用的结果，人格的形成离不开环境的影响，但个体能主动地作用于环境，两者的交互作用是不断进行着的。目前，心理学家已经区分出三种不同的交互作用形式。

（一）反应的交互作用

在面对相同的环境时，不同的个体会以不同的方式感受、体验和解释，会做出不同的反应，这就是反应的交互作用。例如，在相同的环境里，外向的人与周围环境里的人和事的沟通、联系要比内向的人的次数要频繁得多。

（二）唤起的交互作用

个体的人格特征和行为会引起周围的人对他的特异反应，这就是唤起的交互作用。例如，不同的孩子会引导父母采用不同的教养方式，容易哄、爱笑的婴儿要比大哭大叫、不易哄的孩子得到更多来自父母和周围人的关怀，自然对他们日后人格特征的发展会有不同的影响。

（三）超前的交互作用

随着成长，个体会主动选择和构建自己喜爱的环境，而这些环境又会反过来影响个体人格的塑造，这就是超前的交互作用，又叫前动的交互作用。例如，一个乐意帮助别人的人可能置身于一个同样充满善意的环境，而这样的环境又会反过来增强个体乐于助人的品性。

在人格的发展过程中，上面这三种交互作用形式在人格的不同发展阶段所表现的强度有所不同。在婴幼儿期，孩子受父母所处的既定环境的影响，主动性受限，其天性与环境的交互作用最强；

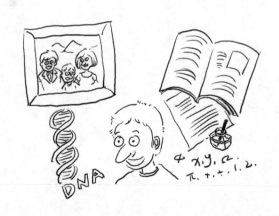

随着个体的逐渐成长，他们开始选择和建构他们自己喜欢的环境，那种最初的被动交互作用逐渐被主动交互作用所替代；当个体开始有意识地选择环境时，这三种交互作用会经常地在个体的生活中起作用。总之，个体的人格就是人们自身与环境的相互作用的结果。

5. 你的性格与适合的职业

性格

现实中有各种各样性格的人，有的人外向开朗，有的人沉默寡言，有的人鲁莽冲动，有的人小心谨慎……

"性格"一词在希腊语中的意思是"被铭刻的东西"，是指个体对人、对事物的梯度和行为方式上所表现出来的心理特点。

性格的特征

性格有四个特征。

（一）性格的态度特征

性格的态度特征，是指个体在对现实生活各个方面的态度中表现出来的一般特征。

（二）性格的理智特征

性格的理智特征是指个体在认知活动中表现出来的心理特征。

（三）性格情绪的特征

性格的情绪特征是指个体在情绪表现方面的心理特征。

（四）性格的意志特征

性格的意志特征是指个体在调节自己的心理活动时表现出的心理特征。

性格的分类

心理学家们曾经以各自的标准和原则，对性格类型进行了分类，比较典型的分类是美国心理学家霍兰德的"六分法"。

（一）务实型

务实型的人喜欢户外、机械以及体育类的活动或职业。他们有毅力、勤勉，缺乏创造性和原创性。喜欢用熟悉的方法做事并建立固定模式，考虑问题往往比较绝对。他们不喜欢模棱两可，不喜欢抽象理论和哲学思辨，偏向传统、保守，缺乏良好的人际关系和言语沟通技巧。当他们成为别人瞩目中心时会感到不自在，不善于表达自己的情感。虽然别人认为他比较腼腆害羞，但是绝大多数务实主义者都秉承实事求是的生活和工作作风。

（二）探索型

$$2H_2 + O_2 = 2H_2O$$

探索型的人好奇心强，好问问题。有科学探索的热情。对于非科学、过于简单或超自然的解释，多持否定和批判的态度。他们对于喜欢做的事能够全神贯注，心无旁骛。不喜欢管人也不喜欢被管，喜欢解决抽象、含糊的问题，具有创造性，常有新鲜创意，处理事情按部就班、精确且有条理，对于自己的智力很有信心。不过，他们在社交场合常会感到困窘，缺乏领导能力和说服技巧，在人际关系方面拘谨、刻板，不太善于表达情感。

（三）艺术型

艺术型的人有创造力、善表达、天真、有个性，喜欢与众不同并努力做个卓绝出众的人。他们喜欢在无人监督的情况下工作，处事比较冲动；非常重视美及审美的品味，比较情绪化且心思复杂。

他们喜欢抽象的工作及非结构化的环境，寻求别人的接纳和赞美，觉得亲密的人际关系有压力而避免之。他们主要通过艺术间接与别人交流以弥补疏离感，常常自我省思，思想天马行空，无拘无束，拥有强大的发散性思维。

（四）社会型

社会型的人友善、热心、外向、合作，喜欢与人为伍。他们能洞察别人的情感和问题，喜欢表达自己并在人群中具有说服力，喜欢当焦点人物并乐于处在团体的中心位置。他们对于生活及与人相处很敏感、理想化和谨慎。喜欢哲学问题，不喜欢从事与机器或资料有关的工作，或是结构严密、重复性的工作。他们和别人相处融洽并能自然地表达情感，待人处事圆滑，给别人以仁慈、乐于助人的印象，如果能够得到社会的认可将会激发他们的潜力。

（五）管理型

管理型的人外向、自省、有说服力、乐观，喜欢有胆略的活动，敢于冒险。他们支配欲强，对管理和领导工作感兴趣，通常喜欢追求权力、财富、地位。他们善于辞令，总是力求别人接受自己的观点，具有劝说、调配人的才能。他们往往自认为很受他人欢迎，但缺乏从事细致工作的耐心，不喜欢那些需要长期智力活动的工作。管理型的人头脑清楚，思维敏捷，在社会上往往能大显身手。

（六）常规型

常规型的人做事一板一眼、固执、脚踏实地，喜欢遵守固定程序的活动，是可信赖、有效率且尽责的人。他们依赖团体和组织获得安全感并努力成为好成员，不寻求担任领导职务。他们倾向于保守和遵循传统，习惯于服从、执行上级命令，喜欢在令人愉快的室内环境工作，重视物质享受及财物。此外，他们有强大自制力并有节制地表达自己的情感，避免紧张的人际关系，喜欢自然的人际关系，这样他们在熟识的人群中才会自在。

第三课

——

几种常见的心理
疾病与咨询治疗

1. 蹲在墙角的"黑狗"——抑郁症

要是"黑狗"（指抑郁症）开始咬你，千万不要置之不理，要是严重的征象已经持续了数周，而且还有自杀念头的话，那就该赶快去看医生。

——丘吉尔（曾患抑郁症）

曾几何时，"抑郁症"这个词已成为现代社会的一个流行词语。人们经常谈论起这个名词，甚至有的人因为一点事情想不通而"郁闷"，就给自己冠上"抑郁症"的名号。

抑郁症是精神科自杀率最高的疾病，目前已成为全球疾病中给人类造成沉重负担的第二位重要疾病，对患者及其家属造成的痛苦，对社会造成的损失是其他疾病所无法比拟的。那么，究竟什么是抑郁症？

抑郁症

抑郁症是一种常见的精神疾病，主要表现为情绪低落、兴趣减低、悲观、思维迟缓、缺乏主动性、自责自罪，饮食、睡眠差，担心自己患有各种疾病，感到全身多处不适，严重者可出现自杀念头和行为。

其中，抑郁症又以情感低落、思维迟缓，以及言语动作减少迟缓为典型症状。抑郁症的发作不一定有明显的心理因素，患者会突然出现情绪低落、失眠、体重下降以及注意力不能集中等症状，并且，症状可以长期存在，持续一周乃至一月以上。而抑郁症的发病原因，迄今为止依然没有一个确定的说法，一般认为生活中的挫折、感情上的创伤、社会机制的不合理、家庭关系的不和睦、心理压力增大往往是引发抑郁症的心理因素。有些抑郁症也跟遗传有关。

抑郁症自我测试量表

请仔细阅读以下问题，圈出最适合自己情况的分数，然后将分数累加，每一项的得分为："不是"为 0 分，"偶尔是"为 1 分，"有时是"为 2 分，"经常是"为 3 分。

（1）你是否感觉沮丧和忧郁？

（2）过去常做的事，现在做起来是否感到吃力？

（3）你是否无缘无故地感到惊慌和恐惧？

（4）你是否容易哭泣或感觉很想哭？

（5）过去常做的事，你现在是否兴趣减低？

（6）你是否感到坐立不安或心神不定？

（7）你是否晚上不服药就很难轻松入睡？

（8）你是否一走出自己的房间就感到焦虑？

（9）你是否对周围的事物失去兴趣？

（10）你是否毫无原因地感到疲倦？

（11）你是否比平时更爱发脾气？

（12）你是否比平时早醒，醒后就再也睡不好了？

得分在 15 分以上，说明你有强迫症的可能，建议到心理咨询门诊或精神科做进一步检查。得分在 5~15 分之间，说明你有一定的抑郁情绪，也应寻求医学帮助。如果你有自杀或伤害他人的念头，请立即告诉医生。

2. 抑郁情绪的自我调适

自我调适法

（一）在瓶外思考

鼓励人们以一种不同的视角来看待问题。即我们想象中难以挣脱的陷阱，不过是由自己最糟的幻想造成的无中生有。换一个角度去看待问题，或许会发现新的契机。

（二）拒绝扭曲

扭曲的想法是导致负面情绪的元凶。

典型扭曲的思考模式有：

（1）偏激想法：例如，工作上犯个错，就觉得要被开除了。

（2）贴标签：例如，犯了一个错误，却给自己贴上"我是一个笨蛋"的标签。

（3）过度概括：例如，"我绝不可能把它做好"。

（4）打正面想法的折扣：考试考得很好，却认为"这不算数，这次的考试太容易了"。

（5）妄下结论：没有根据地做出最坏的假设。

（6）情绪化归因：将自己的情绪误以为现实。

（7）"应该"和"不应该"式的陈述：例如，体重过重者，边吃甜点边想："我实在不应该吃这个，我应该减掉 10 公斤的。"

（8）自我谴责：将自己不能控制的事物视为自己的责任。

（三）鼓励镜中人

不要草率地评断自己及相信你的潜能，不论任何时候，只要经过镜子就盯着自己看，并大声地对自己说一些正面的话。

（四）说服自己抛开烦恼

其步骤有：

（1）把它写下来。

（2）辨识出那个令你沮丧的事件或情境。

（3）孤立你的负面情绪。

（4）辨识出伴随负面情绪而来的负面想法。

（5）辨识出扭曲的地方，并代之以理性的反应。

（6）重新检视你的沮丧。

（7）重建现实客观的想法，计划正确的行动。

（五）打造正面的思考模式

如果想要拥有欢乐的人生，我们就必须有乐观的想法。因为掌控生活的钥匙，就是掌控你对用词和想法的选择能力。

（六）画出你的快乐路径图

拟定一个计划，标示出每天如何采取一些步骤。

（七）借时光旅行宽恕自己

找一个不受干扰的安静处舒服坐下，做几次深呼吸，让自己完全放松，回想昨日的你和明日的你。不论任何时候，一旦发现你草率地评断自己，立刻阻断它，借由时光旅行给自己一种更宽容的观点。

（八）释放怨恨

借由慢而深的呼吸，让自己完全放松。

（九）常怀感恩心

（1）以感恩作为每一天的开始，也以感恩作为每一天的结束。

（2）要努力成为一个愿意对周遭的人诉说你有多么感激他们的人。

（3）越是愿意表达感恩之意，你就越能够培养出一种无条件之爱的感觉。

（十）因为你值得

尽可能回答以下的问题：

（1）你想要些什么你现在没有的东西？

（2）你觉得你在意的人认为你值得吗？他们是怎么告诉你的？

（3）你觉得自己值得获得那些让你快乐的事物吗？

（4）你值得活在这个世界上吗？

（5）你生活的目的是什么？你为何而活？

（6）你还值得拥有什么？

通过上述的方式，无论在何种情境下，以自己为最好的治疗者，我们相信幸福是人人可以追求得到的东西，但是要做些能让自己迈向幸福之路的事及思考自己每天能有什么积极的作为，才可以增进内心的幸福。

3. 都市人的现代病——焦虑症

焦虑是人类的基本处境。

——罗洛·梅

　　他们整天为家里的经济情况而担忧，即使他们的银行账户上的存款远远超过了六位数；他们每天为自己孩子的安全担心，生怕他在学校里出了什么事；他们担心自己的亲人、自己的财产、自己的健康，总是为未来担心，更多的时候他们自己也不知道为了什么，就是感到极度的焦虑。很不妙！他们可能患上了焦虑症。你是否也有与他们相类似的情况？你是否也会经常为一些莫名其妙的事情担心？

焦虑症

焦虑症又称焦虑性神经症，以广泛性焦虑症（慢性焦虑症）和发作性惊恐状态（急性焦虑症）为主要临床表现，常伴有头晕、胸闷、心悸、呼吸困难、口干、尿频、尿急、出汗、震颤和运动性不安等症，其焦虑并非由实际威胁所引起，或其紧张惊恐程度与现实情况很不相称。

焦虑症与正常焦虑情绪反应不同：第一，它是无缘无故的、没有明确对象和内容的焦急、紧张和恐惧；第二，它指向未来，似乎某些威胁即将来临，但是病人自己说不出究竟存在何种威胁或危险；第三，它持续时间很长，如不进行积极有效的治疗，几周、几月甚至数年迁延难愈。焦虑症除了呈现持续性或发作性惊恐状态外，同时伴有多种躯体症状。正常人在面对困难或有危险的任务，预感将要发生不利的情况或危险发生时，可产生焦虑（一种没有明确原因的、令人不愉快的紧张状态），这种焦虑通常并不构成疾病，是一种正常的心理状态。

焦虑并不是坏事，焦虑往往能够促使你鼓起力量，去应付即将发生的危机（或者说焦虑是一种积极应激的本能）。只有当焦虑的程度及持续时间超过一定的范围时才构成焦虑症状，这会起到相反的作用——妨碍人应付、应对处理面前的危机，甚至妨碍正常生活。可能在大多数时候、没有什么明确的原因就会感到焦虑。

简而言之，病理性焦虑是一种无根据的惊慌和紧张，心理上体验为泛化的、无固定目标的担心惊恐，生理上伴有警觉增高等躯体症状。

焦虑症患者的病前性格大多为胆小怕事，自卑多疑，做事思前想后，犹豫不决，对新事物及新环境不能很快适应。发病原因多为精神因素，如不能适应紧张的环境，遭遇不幸或难以承担比较复杂而困难的工作等。

焦虑自评量表

下面有 20 条文字，请仔细阅读每一条，把意思弄明白。每一条文字后有 4 个方格，分别表示：没有或很少时间，小部分时间，相当多时间，绝大部分或全部时间。然后根据你最近一个星期的实际感觉，在适当的方格里画"√"。

	没有或几乎没有	少有	常有	几乎一直有
1. 觉得比平常容易紧张和着急。	1	2	3	4
2. 无缘无故地感到害怕。	1	2	3	4
3. 容易心里烦乱或觉得惊恐。	1	2	3	4
4. 觉得可能要发疯。	1	2	3	4
5. 觉得一切都很好，也不会发生什么不幸。	4	3	2	1
6. 手脚发抖打颤。	1	2	3	4
7. 因为头痛、头颈痛和背痛而苦恼。	1	2	3	4
8. 感觉衰弱和疲乏。	1	2	3	4
9. 觉得心平气和，并且容易安静地坐着。	4	3	2	1
10. 觉得心跳得很快。	1	2	3	4
11. 因为一阵阵头晕而苦恼。	1	2	3	4

	没有或几乎没有	少有	常有	几乎一直有
12. 有晕倒发作，或觉得要晕倒似的。	1	2	3	4
13. 呼吸感到很容易。	4	3	2	1
14. 手脚麻木和刺痛。	1	2	3	4
15. 因为胃痛和消化不良而苦恼。	1	2	3	4
16. 常常要小便。	1	2	3	4
17. 手常常是干燥温暖的。	4	3	2	1
18. 脸红发热。	1	2	3	4
19. 容易入睡并且睡得很好。	4	3	2	1
20. 做噩梦。	1	2	3	4

计分标准：把20题的得分相加，再乘以1.25，四舍五入取整数，即得到标准分。焦虑评定的分界值为50分，分数越高，焦虑倾向越明显。

4. 焦虑情绪的自我调节

都市紧张的生活和工作节奏，轻易就能让人们走进焦虑的陷阱。摆脱这种杂乱的情绪，应该首先从自身出发。药物治疗当然也是有效的方法，但这是最后的选择。如果能用其他方法摆脱焦虑，就不要轻易地依赖药物。

（一）抽出时间让自己静一静

"静以修身"，尝试让自己有一段的空白时间，好好沉静一下自己，或者什么也不做不想，就只是发呆，或者沉淀一下杂乱的思维。给自己定期留出休息时间，因为身心也是需要定期保养的。

（二）增加自信

自信是治愈焦虑的必要前提。一些对自己没有自信的人，对自己完成工作和应付事务的能力是怀疑的，夸大自己失败的可能性，从而引起忧虑、紧张和恐惧。他们应该相信自己，每增加一次自信，焦虑程度就会降低一点。

（三）自我反省

有些焦虑的产生是由于对某些情绪体验或欲望进行压抑，压抑到无意识中去了，但这样并不意味着它已消失，而是仍潜伏于无意识中，因此便产生了病症。发病时你只知道痛苦焦虑，而不知其原因。因此在这种情况下必须进行自我反省，把潜意识中引起痛苦的事情诉说出来，检查一下自己的潜意识到底存了多少早已该丢掉的"垃圾"。

（四）展开想象

人类在很大程度上是因为可以想象才获得更多的自由。主动去想象一些宁静、放松的景象，这些景象可以是真有其地，在那里你觉得安全和放松，也可以是你想象出来的宁静、安全和祥和的景象。

比如，你想象自己走在两旁都是树的山路上，可以把注意力放在鸟儿歌唱上，阳光从树枝间照下来，松树的香味、浓绿的树林、阵阵的微风轻拂在你的脸上。

（五）分心有术

当你感到焦虑时，分散注意力会有所帮助。当你专心于其他的思维活动时，会减轻或消除你的焦虑症状。

比如，如果你在乘坐飞机时感到焦虑，可以把注意力转移到天空和云彩上。仔细观察每一朵云彩的纹理，试图从云彩里找出图像来排遣自己的负面情绪。当你专心于天空和云彩时，时间很快就过去了。

（六）不再逃避

逃避是焦虑的标志。当逃避某种困难的情境时，起初我们会体验到焦虑降低，但与期望相反的是，我们逃避困难情境的次数越多，以后在面对这些情境时，我们的焦虑就会越重。学会去面对和应付令人焦虑的情境，才能有效地消除焦虑。

（七）分出层次

如果你体验到高度的焦虑，把你所惧怕的事情分出不同层次，逐一面对是个好方法。

这个层次是按照惧怕的强烈程度，由低到高排列的，把不太惧怕的事情写在下层，最怕的情境或事件列在最上面。先面对写在下面的情境，然后逐渐地往上移，先成功地控制不太害怕的事情，最后再面对令人恐惧的事情。

（八）药物治疗

当焦虑症状严重影响到你的生活时，你就应该寻求心理医生的帮助了，医生会视你的情况配合药物治疗。

但长期服用抗焦虑药物会对某些内脏器官有损害，而且抗焦虑药物往往有成瘾性。所以，能通过其他方法抵制焦虑就尽量不要依靠药物。

5."我控制不了我自己"——强迫症

如果你过分地珍爱自己的羽毛，不使它受一点损伤，那么你将失去两只翅膀，永远不能凌空飞翔。

——雪莱

走到小区门口突然不能确认自家防盗门是否锁好，于是返回检查一番；刚刚整理好的手包却觉得东西没带齐，又打开手包再重新检查一遍；上班时总想自家的煤气没有关掉，于是向领导请假赶紧回家到厨房检查一下煤气……这些是很多人生活中都曾有过的感受和经历，心理学认为这些行为是强迫心理所致，严重的会发展为强迫症。

随着现代社会的竞争日趋激烈，高度紧张的工作、生活节奏和过度的压力让具有强迫心理的人群越来越多，直接导致强迫症发病率不断上升。如今，强迫症已经被列入严重影响城市人群生活质量的四大心理障碍之一，成为21世纪精神心理疾病研究的重点。

那么，什么是强迫症？我们又该怎样判断自己是否得了强迫症？

强迫症

所谓强迫症，是以强迫观念和强迫动作为主要表现的一种神经症。以有意识的自我强迫与反强迫同时存在为特征，患者明知强迫症状的持续存在毫无意义且不合理，却不能克制其反复出现，愈是企图努力抵制，反而愈感到紧张和痛苦。

廖先生在一家大型家电企业担任市场部经理，对工作要求尽善尽美的他经常让下属觉得精疲力尽。他常常长时间一遍又一遍地看着客户发来的订货传真或者本季度职员的业务报告，还自制了"年度业绩图""个人业绩指数表"等挂在办公室。一到周末，他还无意识地给下属打电话询问业务情况，明知这样不好，但无法控制。

对于强迫症的诱因，一般认为精神因素为主要的发病原因。

像廖先生这样的白领阶层，他们所处的工作环境具有压力大、竞争激烈、淘汰率高的特点。在这种环境下，内心脆弱、急躁、自制能力差或具有偏执性人格或完美主义人格的人很容易产生强迫心理，从而引发强迫症。其中完美主义人格者表现得尤为突出，在竞争激烈的环境中，他们会制定一些不切合实际的目标，过度强迫自己和周围的人去达到这个目标，但总会在现实与目标的差距中挣扎。此外，他们因早年教育过于严格、自幼胆小怕事、对自己缺乏信心、遇事谨慎的人在长期的紧张压抑中会焦虑恐惧，为缓解焦虑恐惧就会产生诸如反复洗涤、反复检查等强迫症行为。

强迫症的分类

强迫症的症状多种多样，可以是某一症状单独出现，也可是数种症状同时存在。在一段时间内症状内容可相对固定，随着时间的推移，症状内容可不断改变。

（一）强迫观念

即某种联想、回忆或疑虑等顽固地反复出现，难以控制。

（1）强迫联想：联想一系列不幸事件会发生，虽明知不可能，却不能克制，并引起情绪紧张和恐惧。

（2）强迫回忆：反复回忆曾经做过的无关紧要的事，虽明知无任何意义，却不能克制，非反复回忆不可。

（3）强迫疑虑：对自己的行动是否正确，产生不必要的疑虑，反复核实。如出门后疑虑门窗是否确实关好，反复数次回去检查，否则会感到焦虑不安。

（4）强迫性穷思竭虑：对自然现象或日常生活中的事件进行反复思考，明知毫无意义，却不能克制。

（5）强迫对立思维：两种对立的词句或概念反复在脑中相继出现，而感到苦恼和紧张，如想到"拥护"，立即出现"反对"；说到"好人"时即想到"坏蛋"等。

（二）强迫动作

（1）强迫洗涤：反复多次洗手或洗物件，心中总摆脱不了"肮脏感"，明知已洗干净，却不能自制而反复洗涤。

（2）强迫检查：通常与强迫疑虑同时出现。患者对明知已做好的事情不放心，反复检查，如反复检查已锁好的门窗，反复核对已写好的账单、信件或文稿等。

（3）强迫计数：不可控制地数台阶、电线杆，做一定次数的某个动作，否则感到不安，若漏掉了要重新数起。

（4）强迫仪式动作：在日常活动之前，先要做一套有一定程序的动作，如睡前要按一定程序脱衣、鞋并按固定的规律放置，否则会感到不安，必须重新穿好衣、鞋，再按程序脱。

（三）强迫意向

在某种场合下，患者出现一种明知与当时情况相违背的念头，却不能控制这种意向的出现，十分苦恼。如母亲抱小孩走到河边时，突然产生将小孩扔到河里去的想法，虽未发生相应的行动，但患者却十分紧张、恐惧。

（四）强迫情绪

具体表现主要是强迫性恐惧。这种恐惧是对自己的情绪会失去控制的恐惧，如害怕自己会发疯，会做出违反法律或社会规范甚至伤天害理的事，而不是像恐怖症患者那样对特殊物体、处境等的恐惧。

（五）强迫恐惧

此种恐惧与病人的强迫性思维有联系，病人害怕自己会出现对立思维，而产生强烈的情绪反应。如害怕在某些场合自己会出现强迫，而感到恐惧，从而尽量逃避参加这样的场合。

需要指出的是，像反复检查门锁这种强迫心理现象在大多数人身上都曾发生过，如果强迫行为只是轻微的或暂时性的，当事人不觉得痛苦，也不影响正常生活和工作，就不算病态，也不需要治疗。而如果强迫行为每天出现数次，且干扰了正常工作和生活，就可能是患上了强迫症，需要治疗了。

强迫症自评量表

请根据最近一周以内的情况和感觉进行评定，评分标准分为5级：没有为0分，很轻为1分，中等为2分，偏重为3分，严重为4分。

评分方法是将各条目的分值相加，总分超过20分，应考虑有强迫症的可能，建议到心理咨询门诊或精神科做进一步检查。

1. 头脑中有不必要的想法或字句盘旋。
2. 忘性大。
3. 担心自己的衣饰不整齐及仪态不端正。

4 . 感到难以完成任务。

5 . 做事必须做得很慢以保证做得正确。

6 . 做事必须反复检查。

7 . 难以做出决定。

8 . 反复想些无意义的事。

9 . 注意力不能集中。

10 . 必须反复洗手，点数。

11 . 反复做毫无意义的一个动作。

12 . 常怀疑被污染。

13 . 总担心亲人，做无意义的联想。

14 . 出现不可控制的对立思维、观念。

6. 强迫行为的自我调适

强迫症不可怕，得了强迫症也不可怕。关键在于你是否能勇敢理智地面对它，进而战胜它，让它再也强迫不了你。如果你有这样的决心，请不妨根据自己的情况试试以下几种自我心理疗法。

（一）顺其自然法

这种方法在于减轻和释放精神压力。任何事情顺其自然，该怎么样就怎么样，做完就不再想它，不再评价它。如，好像有东西忘了带，那就别带它好了；担心窗没关好，那就开着好了；东西好像没收拾干净，那就脏着乱着呗。经过一段时间的努力来克服由此带来的焦虑情绪，症状是会慢慢消除的。

（二）刨根究底法

根据精神分析学说，让患者意识到造成心理疾病的真正原因，有助于症状的消除，所以你可以依靠自己或亲人从以下几条线索来探究童年的创伤性事件：

（1）幼时受过的伤害性事件（如毒打、诱拐、性侵害等）。

（2）幼时对他人造成的伤害性事件（如使人致残、死亡，使财物严重受损）。

（3）幼时与你最仇恨的人和你最歉疚的人在一起生活的经历。

同时你还应该探究症状的最初起因和隐藏的含义。

（三）满灌法

简单地说，就是一下子让你接触到最害怕的东西。比如，你有强迫性的洁癖，那么请你坐在一个房间里，放松，轻轻闭上双眼，让你的朋友或家人在你的手上涂上各种液体，而且努力地形容你的手有多脏。这时你要尽量地忍耐，当你睁开眼，发现手并非你想象的那么脏，对思想会是一个打击，即不能忍受只是想象出来的。若确实很脏，你洗手的冲动会大大增强，这时你的助手将禁止你洗手，你会很痛苦，但要努力坚持住，随着练习次数的增加，焦虑会逐渐消退。此法适合意志力较强的人。

（四）系统脱敏法

先学会放松的方法，然后由易到难列出强迫性行为的次数和激怒情境，再对每种情境下的强迫行为逐渐进行放松脱敏，就洗手癖而言，应一步步地减少洗手次数，增加脏物的刺激量，依次执行下去。

（五）转移注意力

当出现强迫症状时，要想办法转移注意力，尽快脱离现实症状，摆脱痛苦。例如，一到出门时就检查门锁，怎么克服呢？把时间安排得紧一点，如果平时上班需在路上花30分钟，20分钟就比较紧张了，那么就留20分钟赶路，因为时间紧，怕迟到，出门前先用心看看门锁，出门后注意力都在赶时间上，也就来不及再反复检查门锁了。

（六）不做完美主义者

强迫症患者常常有完美主义性格，应让他们认识到处事太完美的心态是不正确的。世界上不存在十全十美的完人，我们可以尽力把该做好的事做好，但每个人都应承认和接受自己有犯错误的可能。因此，建议患者对工作、学习、生活应采取乐观态度，对人对事不必过分认真，对自己也不必过分苛刻，提高自己随机应变的能力。

7. 爱上不该爱的人与物——性变态

如果一个人只潜心研究精神错乱者、神经症患者、心理变态者、罪犯、越轨者和精神脆弱者，那么他对人类的信心势必越来越小，他就越来越"现实"，尺度越放越低，对人的指望也越来越小……因此只对畸形的、发育不全的、不成熟的以及不健康的人进行研究，就只能产生畸形的心理学。

——马斯洛

性变态旧称性倒错，泛指性爱异常的一种性心理障碍的类别，指性冲动障碍和性对象的歪曲，即寻求性欲满足的对象与性行为的方式与常人不同，违反社会习俗而获得性欲满足的行为。

目前性变态的概念包含了以下三方面：第一，其行为不符合社会认可的正常标准。但不同的社会和历史的不同时期这种标准并不相同。例如，同性恋在我国认为违反习俗，是一种性变态，但在欧美国家的某些地区同性恋却是合法的。第二，其行为对他人可能造成伤害，如诱奸儿童和严重施虐狂。第三，本人体验到痛苦，这种痛苦与其生活的社会态度有关，其性欲冲动与其道德标准之间发生了冲突或认识到对他人带来了痛苦。

性变态大致分为如下种类。

（一）同性恋

以同性为满足性欲的对象，称为同性恋。可见于各种年龄，但以未婚青少年多见，男性多于女性。西方国家比东方国家多见。在我国，同性恋行为为社会文化传统所不齿，社会上普遍认为同性恋行为是反常性行为，但同性恋也仍然存在。实际上，有同性恋行为的人比想象的要多，只是他们意识到自己的处境，悄然行事，别人难以得知罢了。

同性恋的双方中，有一方是真正的变态，即男性被动型和女性主动型者。他们在心理方面常有较多异性特征，有些研究发现在体质上也常有异性特征，这种人被称为素质性同性恋者，可能有体质上或内分泌变异的基础。这种人由于身心素质方面有极大变态，极难矫正。另一方即男性主动型与女性被动型，则身心方面相对来说比较健康，他们参与同性恋活动只是出于暂时的感情联系或由于性欲较强之故。

同性恋是否属于疾病，意见不一。通常认为同性恋的人并非精神病，有些人智力超过一般水平，对艺术、音乐饶有兴趣，在政治活动和法律方面取得一定成就，但如果他们面对社会压力或他们的同性恋关系不能维持时，可能产生严重的焦虑或抑郁反应，甚至可能消极自杀，在这种情况下医学帮助可能是有用的。近年研究证实，同性恋者是艾滋病的易感人群，这更引起了医学注意。如果同性恋者为自己的同性恋行为而苦恼，希望使自己成为异性恋者，医学帮助也是合理的。而对于不愿医治的同性恋者，其治疗难以见效。

（二）恋童癖

特征是以儿童为性活动对象。其性欲要求可能针对异性或同性儿童，以露阴癖及强奸等形式表现出来。恋童癖者常为儿童的亲戚或父母的朋友，多为男性，主要是抚摸儿童。

诱奸儿童、强迫儿童做性动作的恋童癖者，对社会危害很大，应当严惩。

有时，低能的男子、老年痴呆早期也可能出现恋童行为，亦应注意检查和鉴别。

（三）恋物癖

其特征是以接触异性穿戴或佩带物品的方式引起性兴奋。大多是成年男子。他们通过抚弄、嗅、咬某些异性物品而获得性的满足，这些物品大多直接接触异性体表或明显地与性有关，如乳罩、短裤、内衣、头巾、丝袜、发夹、别针等。

恋物癖者大多数性功能低下，对性生活胆怯。他们为了获得异性物品，不惜采取偷盗手段，以致触犯刑律，遭到逮捕或惩罚，但过后又会重犯。为此，他们往往感到痛苦。对这类恋物癖者宜采用心理治疗或行为治疗方法，帮助他们树立信心，多数仍然可能纠正。

（四）异性服装癖

异性服装癖或称异装癖。主要表现是通过穿戴异性服饰而得到性欲满足，喜欢从头到脚穿着打扮成异性。有时这是同性恋者恋物癖的一种形式，但也有异装癖者穿着异性服装并不是为了给自己性刺激，只是暂时地体验异性的感受。

大多数异装癖是男性。中国自古以来有女扮男装或男扮女装者，与中国的文化有关，绝不可与性变态等同对待。

（五）裸露癖

裸露癖是以显露自己的生殖器而求得性欲满足为特征的性变态。大多数是男性。常出没于昏暗的街道角落，厕所附近、公园僻静处或田野小径上，每遇到女性则迅速显露其生殖器，或进行手淫，从对方的惊叫、逃跑或厌恶反应中获得性满足。通常并无进一步的侵犯行为。但由于对社会风化造成危害，常常受到严厉惩戒。

（六）窥淫癖

以偷看别人的性活动或异性裸露的身体为唯一方式而取得性兴奋的一种性变态。大多数男性窥淫癖比较胆小，性生活能力不足，也不采用暴力来满足自己的性欲要求。除了偏爱有关性的电影镜头或裸体女性形象外，常冒被捕的危险，不择手段去偷看女性洗浴或排便，多伴有手淫。虽经严厉惩戒，但恶习难改。

（七）色情狂

色情狂指以病态的性幻想方式来满足其性欲要求，多数是女性。性幻想对象常为某个杰出男性，编造的爱情故事细节逼真，添加许多丰富的想象，使人觉得真实可信。典型者发展缓慢，持续不断。但应与精神分裂症患者的钟情妄想相区别，色情狂的性变态者并无其他精神分裂症症状。

（八）施虐狂和受虐狂

施虐狂指通过在异性或配偶身上造成痛楚或屈辱以获得性欲满足的性变态。施虐程度不一，从轻微疼痛至严重的伤害。具体方式有鞭打、捆绑、脚踢、手拧、针刺刀割等。有时与性的暴力犯罪难以区别。只有施虐为情欲所必需的，才称为施虐狂。施虐狂可导致强奸犯罪，但并不是每个强奸犯都有施虐狂。

受虐狂的表现与施虐狂正相反。以乐意接受异性施加的痛楚或屈辱而获得性欲满足为特征。其受虐程度从轻度凌辱到严厉的鞭打不一。有时施虐狂与受虐狂联系在一起，有些这类性变态者经常交替充当这两种角色。

（九）易性癖

易性癖亦称异性认同癖。这是一种性别认同障碍，很罕见。这种人强烈认同自己为异性，以致企图借医学手段帮助他们改变性别。男性要求切除阴茎，做人工阴道。女性要求切除乳房，做一个类似阴茎的附属器官。或采用性激素以改变自己的性征、体态。尽管他们相信自己解剖学上的性别是错的，希望改变性别，但他们并非同性恋，实际上都是异性恋者。

8. 沉默的天才——孤独症

喜欢孤独的人不是神灵就是野兽。

——培根

什么是孤独症

"孤独症"这一概念是由美国精神病医生于 1943 年提出并确定下来的。但孤独症的现象则在其概念被确定之前就已经存在了，可以说孤独症有一个很长的过去，但却有很短的历史。即孤独症这种疾病的发生与现代社会的环境没有直接的联系。

孤独症又称自闭症。初听到"孤独症"或"自闭症"的人，往往联想到性格孤僻或内向，即把它与某类纯心理障碍疾病联系起来，认为这孩子一定是受到某种来自外界环境的刺激而发生障碍。也曾有人认为那是因为他们往往有一个不良的家庭气氛，如父母性格怪异，或母亲忙于工作而使孩子在发育早期（婴幼儿阶段）受到忽视等等，这类被称作"心理环境"的因素被研究结果所否认。研究结果表明孤独症的发生与大脑系统的生理结构异常有关系，只是目前尚无法确定是什么原因导致大脑系统的异常结构。虽然孤独症并非纯心理方面的障碍，但有心理障碍疾病的人，由于其在感知加工功能方面受到影响，也可能引发孤独症表现。

虽然孤独症并非是纯心理障碍疾病，但并不能忽视孤独症儿童的心理障碍，与此相反，在与孤独症儿童接触或对他们进行干预训练时，必须考虑到他们的心理特点。孤独症儿童由于其社会交往能力非常弱，很难与周围的人发生正常的沟通行为，这就会使他产生心理结构异常，发生孤独症患者所特有的心理障碍。换句话说：就像盲人、聋人、肢体残障者会由于他们自身的障碍产生心理压力一样，孤独症患儿在成长过程中，也会由于他们的孤独症障碍产生心理上的发育偏差和异常。最常见的现象就是：在与他人的交往当中表现出愈来愈退缩，如：玩弄自己身体的某一部分，依恋某件物品或某项单一的活动；在必须与人对话时移开目光或跑开；看似莫名其妙的哭闹或笑；伤害自己的身体或攻击他人等等。

孤独症的发病原因至今不明，但可以肯定有神经生理方面的变异。遗传曾被认为是重要的影响因素之一，目前全世界都在进行有关病因的研究，但研究结果尚不能证明遗传是唯一造成孤独症的原因。另一条线索集中在寻找脑功能的变异上。在脑系统的不同区域都发现了各种变异的存在，目前可以肯定脑部大范围区域的神经生理损伤是重要的因素。总之，关于孤独症的发病原因，最新研究的结果趋向于"多因素致病"说，即不只有一种导致患病的因素。

那么，如何确定孩子患有孤独症呢？

首先，当发现您的孩子有语言发育迟缓的现象时，要带孩子到医院去检查。一般是由儿童精神科的医生进行诊断。有位美国精神科医生曾说过："如果您的孩子在说话方面比别的孩子弱，首先怀疑他是否可能患有孤独症。"

由于在孤独症的发病部位及致病因素方面还没有准确的实验数据及有效的检测工具，因此诊断的依据不是化验或仪器检测结果，而是根据幼儿异常的外在行为表现。至20世纪50年代，全世界曾有近40种诊断标准体系，但随着时间的推移，有两种标准体系逐步赢得了各国普遍的认可，它们是DSM（美国精神医学会的《精神疾病诊断与统计手册》）和ICD（《国际疾病分类》——世界卫生组织发布）。

孤独症儿童是弱智儿童吗？

弱智儿童通常是在各个方面的发育发展均比一般人迟缓，但发展的次序则基本保持正常。弱智儿童的智商有可测性，他们在感知、社会交往、兴趣及语言等各方面的发展与其智商成正比。

孤独症儿童虽然伴有全面性发育迟缓现象，但发育次序异常，且各方面发育不平衡。如：有的儿童大小便完全不能自理，却有很强的计算、绘画能力；有的儿童完全没有或只有极少的语言能力，却在记忆力方面、识别颜色方面表现突出。孤独症儿童由于社会性极弱，在人际交往的能力和主动性方面远远低于弱智儿童，目前尚没有能准确测量孤独症儿童智商的工具。如一位同时教过弱智儿童和孤独症儿童的培智学校老师所体会的：弱智儿童愿意学，却学不会；孤独症儿童是能学会却不愿意学。

孤独症可以治愈吗？

由于尚不明了孤独症的发病原因和发病部位，因此仍没有效果显著的医疗手段。从这一意义上讲孤独症目前属于无法治愈的疾病，也就是说孤独症将长期甚至终生伴随着患者。但如果"治疗"并非仅指医学治疗，而是包括一切能够有效促使患儿病情好转，增强他们社会交往能力及适应力的训练疗法，那么目前国际上各种类型的训练疗法则是名目繁多。

由于孤独症的各种表现特征可能分散出现在患儿不同的发展时期，且不同的患儿的具体表现也往往各不相同，很难进行比较，所以在面对不同疗法和训练手段时，不能因某一种方法适合某一患儿，或曾对某一患儿病情的好转有显著疗效，而把这种疗法视为普遍适用的治疗手段。

真正的孤独症，也称为自闭症，在我国已被医学和教育界确认为一种精神残疾，是先天就具有的疾病。而通常我们所说的"老年孤独症""白领孤独症"，其实和自闭症是完全不同的两个概念，它们所指的都是因孤独而产生的心理综合征。

都市生活的噩梦——孤独综合征

城市中孤独者的数量越来越多，有的人将之称为"都市孤独症"，从青少年到老人，从事业成功的白领到普通外来打工者，在拥挤不堪的都市、无处不在的生存和竞争压力，以及人际关系日渐淡漠中煎熬着的人们，都面临被"孤独综合征"侵扰的危险。

孤独综合征症状的个体差异性很大。孤僻消极的个性是内因；现代都市的拥挤、社会竞争的加剧、生存压力的加大、信息的泛滥是外因。此外，戴着面具的职业角色，以及单门独户、封闭的现代住宅也是诱发都市孤独症的原因。

孤独感产生后随之而来的通常是情绪低落、忧郁、焦虑、失眠等不健康状态。心理科医生指出，有孤独倾向的患者来就诊时并不知道自己症结在此。他们的失眠、焦虑等临床症状严重影响了正常的工作和生活，结果就医时发现已有了严重的孤独倾向，也就是说，是孤独倾向直接或间接造成了上述症状。

解除孤独感大致有两个途径：一为本人的自我管戒；二为心理医生的疏导和药物治疗。一旦发现自己有孤独倾向，应该清醒地告诉自己，把自己禁锢在孤身独处的樊笼里，得到的只有孤独而不是快乐。应该勇敢坚定地打开心灵的门窗，走出个人小天地，积极参与社交活动。

从事心理研究的相关专家指出，人们可以采取三种方式避免孤独感的产生：一是适度紧张的工作可以避免心理上滋生出某种失落感，充实的生活对改善人的抑郁心理有微妙的作用；二是尽可能地培养起良好的兴趣爱好或参加一些公益活动，引发新的追求；三是适当变换环境，避免滋生惰性，到新的环境、接受具有挑战性的工作能激发人的潜能与活力，随环境的变化而变换自己的心境，使自己始终保持健康向上的心理。

9. 美丽的陷阱——饮食障碍

进食障碍

目前，主流的审美是以瘦为美，于是不少的年轻人为了减肥把自己减成了厌食症或贪食症的病人。这些人年龄大多在 15~30 岁之间，女性患者的数量高于男性，约为 10~20 倍。由于他们对体型和体重的不正确认识与期望，导致了低蛋白和贫血等身体疾病。严重时，伴有抑郁情绪，一旦被进食障碍折磨得身体极度虚弱的时候，容易出现自杀现象。有研究资料表明，进食障碍患者的死亡率高达 20%。我国近年来的发病率呈现明显上升的趋势，尤其在经济文化发展较快地区的城市里患病人数明显增加。

进食障碍，指与心理障碍有关，以进食行为异常为显著特征的一组综合征，主要指神经性厌食、神经性贪食和神经性呕吐。一般不包括拒食、偏食和异嗜癖。

（一）神经性厌食症

这是以病人自己有意地严格限制进食、使体重下降至明显低于正常标准或严重的营养不良，此时仍恐惧发胖或拒绝正常进食为主要特征的一种进食障碍。

　　神经性厌食临床表现核心是对"肥胖"的强烈恐惧和对体形体重的过度关注。有些患者已经骨瘦如柴，却仍认为自己胖，这种现象称为体像障碍。最初患者有意限制进食，逐渐发展为不吃；或采取过度运动避免体重增加；或采用进食后诱吐，服泻药、减肥药的方式避免体重增加。体重下降会导致各种生理功能的改变，如皮肤干燥、脱发，严重营养不良，甚至死亡。

（二）神经性贪食症

　　这是一种以反复发作性暴食及严重控制体重为特征的综合征。年龄及性别分布类似于神经性厌食，但发病年龄稍晚一些。这些障碍可被视为持续的神经性厌食的延续。与神经性厌食不同的是，有神经性贪食症的人体重是正常的。

（三）神经性呕吐

　　指一组以自发或故意诱发反复呕吐为特征的精神障碍，呕吐物为刚吃进的食物。不伴有其他的明显症状，呕吐常与心理、社会因素有关，无器质性病变，可有害怕发胖和减轻体重的想法，但体重无明显减轻。

障碍背后的阴影

进食障碍并不是由消化系统疾病引起的。对自己的三围有着过分要求的人往往把漂亮的身材视为自我价值的重要部分。尽管他们一般都不肯承认也不愿向他人表露这层想法，但实际上追求身材苗条已成为他们生活中的基本准则。他们唯恐长胖而盲目节食，造成食欲减退，并逐步发展到厌食的程度。此外，精神创伤、持续心情抑郁、对性方面的烦恼等其他心理问题都可能在一定条件下导致进食障碍。专家认为，很多时候，进食障碍者对自己身材的苛求只是一种表象，更深层的原因往往是他们在其他方面受挫，无法达到自己的期望，转而苛求自我的身体。最典型的是戴安娜王妃，很多人都记得她接受采访时的一幕：高贵的王妃微微颔首，一双淡蓝色的眼睛向上抬起，流露出无限的忧郁，讲述着不愉快的婚姻和皇室的生活压力，使她在相当长的时间里陷入了厌食和贪食，多次自杀、割腕、撞柜子……就是这份哀怨，使英国人再也无法原谅他们未来的君王查尔斯王子。

进食障碍并非是一种"饮食病"，表面上看是食物惹的祸，其实却是交织着爱与恨、控制与反控制的权力之争。很多患者是因为缺少关爱，缺少归属感和幸福感。正像有的病人所说"我并不是想要那个美丽的外表本身，我追求的终极目标是一种被认可、被关注和被爱的感觉"。所以说，有些在缺少关爱的环境中成长的人，造就了自卑的性格，与其说减的是体重，还不如说是在减自己的自卑。而在父母过分关心和爱护或束缚下成长的孩子，常常感到一切都不能由自己做主，这种对自身的失控让他们不安，甚至愤怒，所以，他们选择以控制进食作为武器。有个孩子曾天真地一语道破个中玄机："我要是吃饭了，父母不听我的怎么办？"

要想治疗进食障碍，就不能仅仅纠缠于"吃"与"不吃"的问题，而是应该让患者明白，厌食或贪食并不是解决困难的好办法。如果你想得到某些东西或别人的认可，完全可以通过提高自身能力或其他有利于身心健康的方法获得。如，情绪调控——保持相对平和、愉悦的心情，增加自信心；人际交往——维持良好的人际关系和稳定的社交圈；不断进取——确立正确的人生追求并付诸努力，以及培养自己广泛的兴趣爱好等。当然，患者家庭的配合也至关重要，做父母的应该懂得，养孩子不是在养花花草草、小猫小狗，孩子的自尊比任何东西都重要。孩子对父母的感恩不是通过供给的物质而获得，而是通过给予的关爱而获得。

第四课

婚恋与家庭中的
心理学

1. 爱情是怎样的一回事

　　每个人 (即使是那些看起来憎恨别人的人) 都渴望爱、需要爱，希望得到别人的爱和他人的最大关注。爱会使我们感到受重视和存在的价值，使我们感到在大千世界、芸芸众生中有自己的位置。

　　这一需求的及时满足能给我们带来温暖、充实和美好，否则生命将继续枯燥乏味。如果没有来自他人的爱，没有来自另一个人的关怀，人的内心就会有个巨大的空洞，充满了忧伤和孤独，最后人会产生厌世情绪。这些不健康的情绪将一直伴随人的左右，日日夜夜，破坏生命旅途中的所有美景。

爱与原生家庭有关

　　心理学研究发现，人们的恋爱与婚姻模式，往往跟他们父母的相处模式有着密切的关系。

　　生活在幸福家庭里的人，能够很自如地表达爱与欣赏，知道如何正确地化解分歧与冲突；而生活在不幸家庭里的人，他们往往下意识地发牢骚、闹情绪，他们其实渴望获得对方的关爱，但是却不知道如何正确地表达，结果，爱情的甜蜜与激情很快淹没在了日常争吵中。

有些人终其一生都无法体会有一种东西叫"爱"，也永远不知道世上有人懂得爱。但是，对爱的心理需求是一直存在的，他们将永生渴求，狂躁不安地、嘶声呐喊地渴求爱。

许多不幸的人从童年开始就感受到没有爱的痛苦，因为他们运气不够好，出生在没有爱的家庭。父母总是彼此挑起一场又一场的冷战，有时候战况变得异常激烈，彼此怒目相向，甚至还会以砸东西作为收尾。当他们发现仍有发泄不了的怒气时，就继续在孩子身上发泄。

孩子呢，则是边承受边模仿边学习，以为不停的口角、争吵、恶言恶语和仇恨是家庭的常态。每个人都觉得自己被逼得无路可退了，被剥夺了爱的权利，感到孤独无助且躁动不安，并随时准备着战斗。奇怪而可悲的是，他们并没有意识到这一点，当然，也不知道爱的匮乏是他们焦躁不安的最根本因素。

这样的现象并不稀奇。即使是在一些看似幸福的家庭，我们也能见到它产生的不良后果——即功能性疾病和生活不幸福。

弗娜是个美丽的女孩，母亲在她还是婴儿时就去世了。父亲一直以来对她的关爱微乎其微，甚至还把她送到了孤儿院里。在那里，弗娜所承受的是更多的虐待和心理折磨，而不是爱。到了15岁的时候，她遇见了尤金，一个独生子，家庭富裕，但他的母亲自私自利，一直对他保护过度。

尤金着迷于弗娜性感的气质和美丽的容貌，于是，他做了人生第一件（也是唯一一件）违背母亲心意的事——与弗娜私奔了。弗娜在孤儿院时就没有得到任何爱，在成为尤金的妻子后，更没有感受到一丁点儿爱。尤金为人太自私，以自我为中心，又太依赖母亲，以至于根本没有爱妻子的能力。尤金母亲住的地方离他们只有几个街区，她恨弗娜取代了自己在儿子心中的地位，绞尽脑汁地想要控制尤金，并挑拨夫妻之间的关系。

时间一年年过去。孩子出生了，这位祖母又在孩子身上下功夫，让他们讨厌自己的母亲。她成功地做到了，弗娜16岁的女儿经常挂在嘴边的一句话就是："我恨你！"

弗娜患了多年的功能性疾病，最后逐步恶化，严重到完全无行为能力。当医生向极其困惑的丈夫和婆婆解释病因时，他们表面上装出了一副关心的模样。但是，弗娜知道这都是假装的。唯一能解决问题的方法就是离开这个家，自己重新生活。

有个女孩的情况比弗娜还要糟糕。她生长在充满爱的家庭氛围中，但结婚后发现自己嫁了一个像一块冰冷的木头般、根本没有能力去爱别人的男人。这些丈夫（这样的人很多）忘记了自己的妻子也是有感情、有需要的普通人。

这些人除了满足自己的感情和需要之外，根本不花费心思了解别人的感情和需要。他们在某方面永远长不大，心智不成熟。即便是他们有能力爱，也不去爱自己的妻子。其实，"木头人"表现出对妻子的爱是很容易的，且每天有多种多样的小方法可用。一个拥抱、轻轻一吻、一句幽默、对其外表的一声赞美，或对晚餐的赞赏，都会让妻子干涸的心灵盛开出美丽的鲜花。

性与爱

我们所谓的爱情，是个复杂的东西。它由多种元素组成，其中一部分就是对性爱的需要。在亲密关系里，恋人之间的感情与性爱都是紧密联系在一起的。如果双方的性爱不契合、没有激情、彼此不能满足，那么，婚姻将很难美满而有激情。

如果因为种种原因，婚姻中从来没有性爱，或者随时间流逝，夫妻对性爱的热情消退了，那么夫妇中至少有一人会变得焦躁不安，感到不满足，爱发牢骚，易怒，且怨天尤人。这种情况导致的功能性疾病很难治愈，因为病人往往因为羞涩而不愿吐露心声，因此也就无法治愈。有时候这种病即使告知医生也很难治好，还会引起其他许多奇怪的病症。

幼稚的性态度是认为性只是一种满足生殖器需求的行为，而不会意识到它是情感体验的一个重要部分。像两性中的其他情感体验，只有当温柔和关怀倾注其中，相互配合进入对方身体和灵魂的深处时，才是性成熟的最佳表现。

性心理不成熟很常见，主要是因为性教育的缺乏和对这种行为的长期禁忌带来的恐惧感。学校、家庭和社会没有给个人提供有组织的课程来教导孩子们如何正确认识性生活。大部分的家长都认为性教育是一件不体面的事，是一件声名狼藉的事。难怪没有几个孩子会成长为在性方面成熟的人。

有两种不成熟的性表现。

对性生活歇斯底里的恐惧就是性不成熟的首要表现。

罗丝是一个非常漂亮的女孩，住在一个粗俗而不开化的小镇上。她的邻居非常好色。为了让罗丝免遭好色邻居的毒手，她的母亲对她进行性方面的反教育，使罗丝对性产生了极大的恐惧，罗丝结婚两年后都不能和她的丈夫发生亲密关系。她的丈夫以无限的耐心想尽了各种办法，但罗丝却在生理和精神上都越来越抗拒丈夫的亲近。罗丝知道自己是一个不合格的妻子，她感到非常内疚和自责。后来，她患了一种非特异性溃疡性结肠炎，一度住院整整一年。

与这种性不成熟相反的表现是让性成为生活中最重要的事情。

达莲娜在一个庸俗不堪的家庭中长大，对放荡不羁的性生活有一种迷恋。达莲娜听到过的幽默笑话无一不与性有关。她可以毫无限制地看黄色电影；妈妈少儿不宜的杂志也丢得满屋都是；来到家里拜访的客人也全都道貌岸然，除了性一无所知。

在达莲娜还不到可以出去约会的年龄时，她的母亲就已经为她和男孩一起跳舞、玩乐而感到骄傲了。达莲娜过早怀孕了，并使家庭陷入一个又一个的麻烦之中。直到今天，她才35岁，却已经经历了普通人一辈子才会碰到的那么多的麻烦，有可能还是别人的三倍之多。

2.Goodbye my love——失恋后的心理调适

失恋的心理调节法

失恋是爱情的悲剧，对于失恋者来说，是一杯难以下咽的苦酒。大多数失恋者都能理智地看待并接受这一现实，但是，也有一些人把失恋看得太重，并在这种打击下，心理失衡。因此，失恋者要特别注意保持心理健康，面对现实，积极地寻求多种方法和途径，疏导因失恋而带来的郁闷、不安和愤怒。下面仅从情感方面介绍几种调治心理平衡的方法：

（1）情感升华法

即当男女失恋后，可以把未达成的行为和欲望，导向比较崇高的方向，并使之有利于本人和社会，这就是情感的升华法。例如，德国文学家歌德在失恋后，并没有因此而消沉，而是满怀激情地写出了自传体小说《少年维特之烦恼》，在世界文学史上留下了一份宝贵的遗产。

（2）情感宣泄法

失恋者在失恋后不要独自把痛苦长期埋在心底，更不要时常独自品味，而可以找些亲朋好友倾诉心中的烦恼，将痛苦和烦恼宣泄出来，以减轻心灵上的负荷。

（3）情感转移法

　　失恋者也可以通过转移感情，以此来淡化失恋的痛苦，弥合心灵的创伤，从而走向新的生活。

　　情感转移的方式有三种：一是寻找一位新的恋人；二是投身大自然的怀抱；三是积极投身集体生活，付出自己的情感和爱，使自己摆脱空虚和痛苦。

　　当然，除了情感调节，治疗失恋者的心理失衡，还有不少的方法，诸如心理咨询、改变认知、提升自我等等。

　　总之，失恋是痛苦的。但是，只要失恋者及时走出阴影、拥抱阳光。那么，不但可以避免失恋后的心理失衡，而且可以使自己进步成长得更快更好。

3. 我爱我家——幸福婚姻的形态

幸福婚姻的十条黄金法则

有人说，婚姻是爱情的坟墓。此话虽然有点言过其实，但也并非全无道理。然而，也有许多夫妇，婚后感情与日俱增，两情愉悦，恩爱有加，爱情之花常开不败。究其原委，全在于夫妻之间的相处有道。

1. 经常回忆热恋。热恋是婚姻的前导，热恋中的男女，那种两情依依、片刻难离的情景，实在是非常美妙的。结婚以后，经常回忆婚前的热恋情景，就能唤起夫妻的感情共鸣，并在回忆中增加浪漫情感，更加向往未来，从而增进夫妻感情。

2. 再度安排"蜜月"。结婚时的蜜月，是夫妻俩感情最浓的时期。那时，两人抛开一切纷扰，完全进入胜过蜜糖的爱情天地，享受"伊甸园"之乐。婚后，假如能利用节假日，每年安排时间不等的"蜜月"，如来一场异地旅游，再造两人的爱情小天地，重温昔日的美梦，说不定能使夫妻感情越来越浓。

3. 庆祝纪念节日。结婚纪念日、对方生日、定情纪念日等等，是夫妻双方爱情史上的重要日子。届时，采取适当形式，予以纪念，使双方都感到对方对自己怀有很深的爱意，这对于巩固夫妻感情作用甚大。

4.补偿往昔遗憾。不少夫妇结婚时由于条件所限，未能采取理想的形式回报对方的爱意，如未能度蜜月，未能给爱人买一件像样的礼品等等。若干年后，当条件具备时，记着完成这些当初未尽事宜，以弥补过去的遗憾，就会使对方觉得你是个很重情的人，爱你之情便会倍增。

5.学会取悦爱人。有些男女，婚前与对方约会时，总是想方设法取悦对方，但结婚以后便不再在意对方对自己的感受。这种做法是会损伤夫妻感情的。所以，婚后，女方最好还能一如既往地对丈夫呵护关心；而男方则应细心体味妻子的内心感受，不但要处处体贴爱护妻子，而且最好还能学习一些取悦妻子的技艺等等。

6.创造意外惊喜。出乎意料地使对方惊喜，常会起到感情"兴奋剂"的作用。为对方买一样他/她很想得到的物品，为对方创造一个惊喜的活动等等，都可使爱情升温。

7.适当分离。在过了一段平静的夫妻生活后，有意识地离开对方一段时间，故意培养双方对爱人的思念，再欢快地相聚。这时，就能把平静的夫妻感情推向一个新的高峰。

8.注重自身形象。有些人婚后衣着、容颜等不再讲究，不修边幅。特别是男方在这方面的问题更为严重。其实，无论是哪一方，都不希望与邋遢、不讲卫生、不注意形象的人生活。因此，注重自身形象，不但可以取悦对方，而且也能促进双方的感情。

9.防止子女"夺爱"。不少夫妇在有了子女后，往往把情感全用到了子女身上，忽视了爱人的感情需要，尤以女方为甚。

这种做法有失偏颇。对子女付出关爱是必要的，但这并不意味着就应放弃对爱人的感情持续投入。那样做，不但会冷落爱人而影响夫妻关系，而且也会给家庭罩上一层阴影。

10. 留足相处时间。在激烈的现代社会竞争中，每个人的工作都是十分繁忙的，有不少人因忙于公务而顾不上夫妻俩的感情生活，以致夫妻经常不能一起进餐、共眠，影响了两人感情的巩固和发展。所以工作再忙，也要巧于安排，挤出时间，留给两人共同生活，共浴爱河。

4. 婚姻"亚健康"——婚姻危机

帮你面对婚姻危机

在美国，女性在 30 岁以后离婚，再婚的可能性只有 60%；如果是超过 40 岁离婚，再婚的比例则下降至 40%。而且，无论男女，再婚的人群第二次婚姻的离婚率将达到 60% 以上，可见婚姻的满意度远远低于初婚。

有调查显示，对于女性，在她第二次离婚以后，只有 30% 的人选择第三次婚姻。上述事实说明多次离婚的结果将会使大多数女性独享余生，所以越来越多的心理专家开始深入、专门地探讨婚姻危机的解决办法。他们以各种方法帮助面临婚姻危机的女性挽救婚姻，特别对于那些有子女的初婚女士。

实际上消除婚姻危机的机关，从恋爱的时候开始就掌握在当事人的手里，只是随着时间的推移，当事人渐渐地将婚姻和谐的"钥匙"丢在某个"角落"。婚姻咨询的作用就是帮助你在日常的烦琐小事里面找到"钥匙"，再将其拾起来，轻轻吹掉上面的灰尘，用之重新开启对方的心灵。那么，我们该如何摆脱婚姻危机呢？

一、不要试图寻找婚姻问题的是与非

在日常生活之中，有许多面临婚姻危机的夫妇都在相互抱怨，怪罪对方将矛盾激化，并且试图寻找婚姻问题的是与非。其实，在心理专家看来，这种寻找是与非的做法不仅是徒劳的，而且还会将婚姻的矛盾扩大化。婚姻中最常见的问题就是"公说公有理，婆说婆有理"，其实婚姻中根本就没有是与非，每个人的行为都是对对方的回应。如果对方的行为和言语是过激的，这种回应就变成了一种回击，如此反反复复，陷入恶性循环，直至双方疲惫不堪为止。

二、离婚对孩子的伤害远远比父母们想象的要高得多

在孩子眼里，父母离异无疑是一件天塌地陷的事情。如果离异以后的父母双双再婚，这些孩子又要面对两个妈妈和爸爸，在四个家长之间寻求平衡，这对于年纪幼小的他们，实在是一种灾难。他们中的一些人甚至用一生去等待父母的复婚，尽管父母已经各自成立家庭。

三、请亲朋好友介入反而越来越糟

相当一部分女士在婚姻危机到来的时候，会不断地找亲朋好友"吐苦水"，结果反而越来越糟，这是为什么呢？据婚姻专家介绍，这种倾诉会促使自己对于夫妻关系越发有偏见，她们一遍又一遍地诉说，将对方的各种行径归结为主动的和故意的，却认为全部的问题与自己没有任何关系。其实，她们所有的记忆都在被情绪所控制，在不清醒、不冷静的时候，记忆也在帮助自己"说谎"、帮助"弱势"一方强化对方的"恶劣行径"。在这些不客

观的信息指导下，哪个亲朋好友还会不偏袒倾诉的一方？于是亲朋好友的介入反而会火上浇油。当然，被讨伐一方的过激表现又会成为新矛盾的佐证。

四、不要效仿别人的办法解决婚姻危机

婚姻专家这样告诫面临婚姻危机的人士，当他们在选择解决问题的办法时，不可以效仿他人的办法。因为每一个家庭的类型是不同的，没有一模一样的矛盾，虽然可能有一种普遍有效的方法，却唯独不适合你一人，所以如何寻找自己婚姻甚至是恋爱时候的"好时光"显得很有必要。自己的"好时光"深藏在自己的心里，只有自己最清楚，重复实施"好时光"时的行为，就已经迈出自助快速婚姻治疗的第一步。因为在这些"好时光"里面，你的吸引力和优势发挥得淋漓尽致。而且这些"好时光"正是婚姻危机里面的"例外"，尽管现在这种例外越来越少，但是它其实就是解决婚姻危机的希望所在。

五、不要试图用婚外恋冲淡婚姻危机

有这样一位女士，她在丈夫留学期间借助婚外情来冲淡婚姻的危机，结果，婚外情的激情和暂时的幸福感并不能满足她的需要，反而加速了第一次婚姻的结束。这个例子说明这样一个问题，不要试图用婚外恋冲淡婚姻危机。婚外情本身就是对正在面临危机的婚姻的一种否定，在这种状态下，所做的一切都不可能挽救婚姻。婚姻与恋爱在本质上的不同就是婚姻是平淡而且需要双方相互承担责任的。

如果从相反的角度考虑婚外恋的问题，受到伤害的一方应该

意识到，这就是婚姻危机的一个信号。越轨的一方肯定在婚外情中得到了夫妻之间欠缺的感情和应有的尊重。这应当促使自己深刻体会到自己在婚姻中的欠缺和不足。任何婚姻都没有魔术，根本不可能每一天都轰轰烈烈的，回到平淡中的婚姻都是在小吵小闹中度过的，婚外情不可能成为保鲜剂。

如果通过努力，对方渴望回归家庭，那么就应该给他一个机会。事实证明，一个珍重家庭的人往往在走过一段弯路以后更加珍惜原来的家庭，他会认为自己的妻子是天底下最为难得的人。宽容他，给他一个机会，就可以拥有余生的婚姻主动权。

六、不要忽视冷战的危害

有的夫妻以为冷战或者分居就可以扑灭战火，殊不知这种消极的冷战只会加重危机。有的人自以为做到了 100% 的付出，但是连 1% 的回报都没有得到，所以退居一隅，严防死守。实际上，冷战持续下去，往往比争吵的杀伤力还要大。冷战的前景往往是绝望，谁也不会在这段时间内好好思考婚姻的危机，反而会四处游荡，寻找自己的价值。

5."出轨"——浅析婚外情心理

解读婚外情八大心理

对于婚外情的原因，各方学者的观点不一，不过有婚外情的人，他们的心理往往有一些征兆。

一、补偿心理

有的人因为夫妻分居，寂寞难耐，或者因为夫妻一方有生理缺陷，生理上得不到满足，或者夫妻关系不和，因而主动寻找第三者或乐意接受第三者予以补偿，从而形成婚外恋。其实，性生活并非夫妻生活的全部内容，只要夫妻之间加强联系，感情上多沟通，心里想念对方，生活照样可以过得充实。

二、欠情心理

有些情人最终未能成眷属，双方各自成家，或一方成家后另一方不愿成家依然暗恋着对方；当一方生活困难或夫妻感情不和时，另一方觉得还欠着对方的情因而主动投入旧情人怀抱，旧情复萌，从而产生婚外恋。其实，有情人未必都能成眷属，既然双方已各自成家或对方已成家，就应面对现实，珍惜夫妻感情。当对方生活有困难或夫妻感情不和时，用婚外恋来报答对方的情，与其说是帮助对方，倒不如说是损害对方，实乃于事无补。

三、贪财心理

有的人因为贪图对方的钱财，不顾自己的人格，主动委身于对方，从而形成婚外恋。其实，人格、名誉是无价的，因贪财而败坏自己的名声，很可能得不偿失。另外，有财者也应切记，既然对方贪图的是你的钱财，很可能"真情"也靠不住。

四、图貌心理

有人因为贪图女方的美貌或男方健美的身躯，主动示爱，从而产生婚外恋。其实外表美，会随着年龄的增长自然消失，只有心灵美才是永恒的，像美酒一样，时间越长越醇香。因此，最要紧的是要善于发现配偶的闪光点，这样，情人的眼里自然会有西施出现。

五、报恩心理

有的人因为生活有困难而得到对方帮助，或者因配偶长期在外，家庭长期得到对方照顾，自己无以为报，只好献上身体，从而产生婚外恋。其实，表达感激有很多种方式，没有必要用婚外情这种会牵扯出诸多不良影响的方式。

六、报复心理

有的夫妻因为一方有外遇，又不听规劝，另一方为了报复对方，主动寻求第三者，从而产生婚外恋。其实，既知对方有外遇是错误的，自己为何又去寻找第三者？岂不是知错犯错？况且，婚姻自由，离婚也自由，如果感情确已破裂，且无和好可能，不妨以离婚收场。为了惩罚对方而婚外恋，可能会陷入另一个情感漩涡中。

七、好奇心理

有的夫妻生活平平常常，觉得平淡无味，而影视剧中，男女主人公却与情人爱意缠绵，浪花迭起，过得有滋有味，潇洒自在。自己也想体验一下这种生活，于是，在这种好奇心理的驱动下，产生婚外恋。其实，激情总会以平淡收场，这是一个必然的过程。

八、享乐心理

有的人认为人生在世，就应该及时行乐，因而滥交异性，从而产生婚外恋。其实，滥交并不能带来真正的快乐，感官之乐是一时的，而快乐过后，很可能会带来新的痛苦。

第五课

人际、职场中的
心理学

1. 潇洒走世界——人际心理学

人际心理学趣谈

有这样一个故事：一个新闻系的毕业生正急于寻找工作。一天，他到某报社对总编说：

"你们需要一个编辑吗？"

"不需要！"

"那么记者呢？"

"不需要！"

"那么排字工人、校对呢？"

"不，我们现在什么空缺也没有了。"

"那么，你们一定需要这个东西。"

说着他从公文包中拿出一块精致的小牌子，上面写着"额满，暂不雇佣"。总编看了看牌子，微笑着点了点头，说："如果你愿意，可以到我们广告部工作。"这个大学生通过自己制作的牌子，表达了自己的机智和乐观，给总编留下了美好的"第一印象"，引起其极大的兴趣，从而为自己赢得了一份满意的工作。

实际上，人与人的互动就是心与心的交流，了解人际心理学的知识，会让你的沟通更顺畅。

人际心理学中的几个著名效应

首因效应

人与人第一次交往中给人留下的印象，会在对方的头脑中占据着主导地位，这种效应即为首因效应。我们常说的"给人留下一个好印象"，就存在着首因效应的作用。因此，在交友、招聘、求职等社交活动中，我们可以利用这种效应，展示给人一种好的形象，为以后的交流打下良好的基础。当然，这在社交活动中只是一种暂时的行为，更深层次的交往还需要你加强在谈吐、举止、修养、礼节等各方面的素质，不然则会引发另外一种效应——近因效应。

近因效应

近因效应与首因效应相反，是指交往中最后一次见面给人留下的印象，这个印象在对方的脑海中也会存留很长时间。多年不见的朋友，在自己的脑海中印象最深的，其实就是临别时的情景；一个朋友总是让你生气，可是谈起生气的原因，你大概只能说上最近的两三条，这也是一种近因效应的表现。利用近因效应，在与朋友分别时，给予他良好的祝福，你的形象会在他的心中美化起来。有可能这种美化将会影响你的生活，因为，你有可能成为一种"光环"人物，这就是光环效应。

光环效应

当你对某个人有好感后，就会很难察觉到他的缺点，就像有一种光环在围绕着他，你的这种心理就是光环效应。"情人眼里出西施"，情人在相恋的时候，很难找到对方的缺点，认为他的一切都是好的，做的事都是对的，就连别人认为是缺点的地方，在对方看来也是无所谓，这就是光环效应的表现。光环效应有一定的负面影响，在这种心理作用下，你很难分辨出好与坏、真与伪，容易被人利用。所以，我们在社交过程中，"害人之心不可有，防人之心不可无"，要具备一定的设防意识，即人的设防心理。

设防心理

在两个人独处的时候，我们不时地会有些防范心理；在人多的时候，你会感到没有自己的空间，担心自己的物品是否安在；你的日记总是锁得很紧，这是怕别人夺走你的秘密。为了这些，你要设防。这种设防心理在交往过程中会起到一种负面作用，它会阻碍正常的交流。

类似的心理学效应还有很多，这只是心理学在人际交往中应用的一个方面。在当今社会中，新的状况像潮水般涌现在人们的面前，学业、求职、就业竞争不断，人际关系瞬息万变；在人与人的交往中，又往往有着许多说不清、道不明的烦恼和困惑。所有这一切，使不少人在交往中常常感到有压力。有了人际交往心理学的指导，我们就可以在人际交往的过程中，有意识、有目的地寻找和采用必要的手段和途径，协调好各方人际关系，进而在良好的人际交往基础上获得生活、学习和工作等方面的成功。

2. 沟通吧，让我们变得更强大

职场新人如何成为沟通高手

几乎在每一个招聘职位要求中，"善于沟通"都是必不可少的一条。大多数老板宁愿招一个能力平平但沟通能力出色的员工，也不愿招聘一个整日独来独往、我行我素的所谓英才。能否与同事、上司、客户顺畅地沟通，越来越成为企业招聘时注重的核心技能。而对初入职场的"菜鸟"们来说，出色的沟通能力更是争取别人认可、尽快融入团队的关键。

职场沟通三原则

很多人一提起沟通就认为是要善于说话，其实，职场沟通既包括如何发表自己的观点，也包括怎样倾听他人的意见。沟通的方式有很多，除了面对面的交谈，一封 E-mail、一个电话，甚至是一个眼神都是沟通的手段。职场新人一般对所处的团队环境还不十分了解，在这种情况下，沟通要注意把握三个原则：

1. 找准立场

职场新人要充分意识到自己是团队中的后来者，也是资历最浅的新手。一般来说，领导和同事都是你在职场上的前辈。在这种情况下，新人在表达自己的想法时，应该尽量采用低调、迂回的方式。特别是当你的观点与其他同事有冲突时，要充分考虑到对方的权威性，充分尊重他人的意见。同时，表达自己的观点时也不要过于强调自我，应该更多地站在对方的立场考虑问题。

2．顺应风格

不同的企业文化、不同的管理制度、不同的业务部门，沟通风格都会有所不同。一家欧美的 IT 公司，跟生产重型机械的日本企业员工的沟通风格肯定大相径庭。再如，人力资源部门的沟通方式与工程现场的沟通方式也会不同。新人要注意观察团队中同事间的沟通风格，注意留心大家表达观点的方式。假如大家都是开诚布公，你也就有话直说；倘若大家都喜欢含蓄委婉，你也要适当斟酌自己的语言。总之，要尽量采取大家习惯和认可的方式，避免特立独行，招来非议。

3．及时沟通

不管你性格内向还是外向，是否喜欢与他人分享，在工作中，时常注意沟通总比不沟通要好上许多。虽然不同文化的公司在沟通上的风格可能有所不同，但性格外向、善于与他人交流的员工总是更受欢迎。新人要利用一切机会与领导、同事交流，在合适的时机说出自己的观点和想法。

职场沟通的三大误区

沟通是把双刃剑，说了不该说的话、表达观点过激、冒犯了他人的权威、个性太过沉闷，都会影响你的职业命运。那么新人在沟通中到底有哪些误区？

1. 仅凭个人想法来处理问题

有些新人因为性格比较内向，与同事还不是很熟悉，或是碍于面子，在工作中碰到问题，遇到凭个人力量难以解决的困难，或是对上司下达的工作指令一时弄不明白，不是去找领导或同事商量，而是仅凭自己个人的主观意愿来处理，到最后往往差错百出。

建议：新人在工作经验不够丰富时，切忌想当然地处理问题，应多向领导和同事请教，这样一来可以减少工作中出差错的机会，二来也能加强与团队的沟通，迅速融入团队。

2. 迫不及待地表现自己

所谓初生牛犊不怕虎，刚刚参加工作的新人总是迫不及待地把自己的创新想法说出来，希望得到大家的认可。而实际上，你的想法可能有不少漏洞或者不切实际之处，急于求成反而会引起他人的反感。

建议：作为新手，处在一个新环境中，不管你有多大的抱负，也要本着学习的态度，有时"多干活儿少说话"不失为一个好办法。

3. 不看场合、方式失当

上司正带着客户参观公司，而你却气势汹汹地跑过去问自己的"五险一金"从何时开始交，上司一定会认为你这个人"拎不清"；开会的时候你总是一声不吭，而散会后却总是对会议上决定的事情喋喋不休地发表观点，这怎能不引起他人反感……不看场合、方式失当的沟通通常会失败。

建议：新人在沟通中要注意察言观色，在合适的场合、用适当的方式来表达自己的观点，或与他人商讨问题。

3．如何调动属下积极性

关于积极性的相关理论

如何调动员工的积极性，属于管理学的激励理论范畴。所谓的激励就是领导者对员工的激发和鼓励，促进员工发挥其才能，释放其潜能，最大限度地、自觉地发挥积极性和创造性，在工作中做出更大的成绩。它是一名领导者的基本职责和必备能力，能不能充分调动员工的积极性是衡量一名领导者是否成熟、是否称职的重要标志。

理论上，马斯洛的需求层次论和赫茨伯格的双因素理论阐述了物质激励和精神激励之间的关系，即物质激励是基础，当人们处于生理、安全层次需求（即赫茨伯格的保健因素）时，物质激励效果明显；在此基础上，人们才会逐步追求社交、自尊、自我价值实现（即赫茨伯格的激励因素），此时精神激励效果更佳。

如何调动员工的工作积极性

（一）通过对求职者性格特征的测试，选择与工作岗位相适应的员工

研究表明，一个人在与其性格类型相一致的环境中工作，容

易产生兴趣和内在满足，也能充分发挥其才能。反之，若性格类型与工作性质不匹配，人们则极容易产生厌烦的心理。根据有关研究，职场中大约有六种基本人格性向：实际性向、调研性向、社会性向、常规性向、企业性向和艺术性向等。不同性向的人对不同类型的职业感兴趣。比如实际性向的人往往对工程、机械方面感兴趣；调研性向的人往往对研究工作感兴趣。由此可见，最为理想的职业选择就是个体能找到与其人格类型相重合的职业环境。因此，在招聘过程中，要通过对应聘者的观察、测评来判断其性格是否与所要从事的工作岗位相适应。

（二）通过培训、岗位轮换，促进员工的职业发展

培训是向员工传授其完成本职工作所必需的职业道德、知识及基本技能的过程，也是提高员工忠诚度的一个手段。通过培训可以使员工提高分析和解决与工作相关问题的能力，适应新的变化与挑战，提升员工的职业安全感。如今培训与薪金已并列成为公司吸引力的一个标志。

岗位轮换是通过在横向上不同岗位的人员交流来实现的。通过定期、不定期的岗位轮换，能充分开发出员工的潜能，解决某些员工在当前岗位上不能发挥出个人才干的问题。岗位轮换，也可以使员工的工作内容更具有挑战性，激发出更大的热情和创造力。如德国西门子公司实施的"员工综合发展"计划，以员工业绩和所具有潜力为基础，系统地使用技术和管理培训、工作轮换、国际化派遣等手段，使员工跟上时代和公司发展的需求，潜能得到更大发挥。总之，通过在不同的领域中进行工作轮换，员工获

得了一个发挥自己资质和偏好的良好机会，企业也得到了具有更大适应性、功能性的员工。这无疑是一个双赢的局面。

（三）用体现员工绩效的工资制度引导员工完成组织目标，实现自我价值

用工资来认可员工对企业所做出的贡献，一般被认为是影响员工的行为和态度的一种有效方式。而且工资制度和水平现在也已成为影响员工是否愿意加入到某个组织或是否愿意继续留在某个组织中的一个因素。同时还会影响到企业中的劳动力队伍的素质、构成和整体水平。总之，将工资与员工绩效紧密联系起来的企业将更具有对人才的吸引力，更能激发出员工的创造力。世界上的许多知名企业都能把员工的收入与个人、组织的目标紧密联系起来。这样可以使员工通过努力获得更多的收入，增加成就感和对企业的信心，而且也使企业从中获得莫大的收益和发展。

4.继续前行——克服职场心理倦怠

当人们回顾自己的工作生涯，脑海中常会出现一幅景象：初入职场的头几年，自己像充满动力的火车头，热情、有冲劲、充满希望与理想；几年之后，沉潜、稳重、懂得观望；再过几年，凡事变得理所当然，做什么都提不起精神。这个过程，可以说是理想与现实逐渐调和；也可以理解为人老了，不再有热情；但是换一个角度说，你有没有想过，自己正在被"职业倦怠"袭击……

"职业倦怠症"又称"职业枯竭症"，它是一种由工作引发的心理枯竭现象。一个人长期从事某种职业，在日复一日重复机械的作业中，渐渐会产生一种疲惫、困乏，甚至厌倦的心理，在工作中难以提起兴致，打不起精神，只是依仗着一种惯性来工作。因此，加拿大著名心理学家克丽丝汀·马斯勒将职业倦怠症患者称之为"企业睡人"。据调查，人们产生职业倦怠的时间越来越短，有的人甚至工作半年到八个月就开始厌倦工作。

职业倦怠最常表现出来的症状有三种：

1. 对工作丧失热情，情绪烦躁、易怒，对前途感到无望，对周围的人、事物漠不关心。

2. 工作态度消极，对服务或接触的对象越发没耐心、不柔和，如教师厌倦教书，无故体罚学生，或医护人员对工作厌倦而对病人态度恶劣等等。

3. 对自己工作的意义和价值评价下降，常常迟到早退，甚至开始打算跳槽乃至转行。

倦怠感的由来

职业倦怠的感觉从哪里来呢？实际上是有迹可循的：

1. 职业倦怠症高发的职业有哪些？

专家表示，教师、医护工作者等相关从业人员是职业倦怠症的高发群体，这类助人的职业，当助人者将个体的内部资源耗尽而无补充时，就会引发倦怠。不过，压力过低、缺乏挑战性的工作，由于个人能力得不到发挥，无法获取成就感，也会产生职业倦怠。

2. 找对工作了吗？

刚刚毕业的大学生为了赶紧找到一份工作会漫无目的地四处撒网，最后糊里糊涂进入职场，根本没思考自己究竟喜欢什么样的工作，往往等到工作一段时间后才发现好像入错了行。这种严重职业错位的情况，长期延续必然会导致职业倦怠。

3. 天生性格就容易倦怠？

自我评价低、凡事追求完美主义、A型性格、外控性格等人群都容易受到职业倦怠症的折磨。A型性格是一种"工作狂"的性格特点，容易紧张，情绪急躁，进取心强，在外界看来好像冲劲十足，就像永不断电的长效电池，实际上身心状况超支付出，而易导致身心的倦怠。

4.来自工作内容或职场环境的失衡。

工作负担过重、缺乏工作自主性、薪资待遇不合期望、职场的人际关系疏离、强烈认为组织待遇不公或是和公司的理念不和，都会变相引发职业倦怠症。

治愈倦怠的良方

很多职场工作者对于职业倦怠症往往故意视而不见，以为像感冒一样能不药而愈。事实上，不找出真正原因，往往会让自己越来越不快乐，严重的话也许会陷入难以自拔的抑郁症中，以下方法，是解决职业倦怠症的良方：

1.换个角度，多元思考：学会欣赏自己，善待自己。遇挫折时，要善于多元思考，"塞翁失马，焉知非福"，适时自我安慰，千万不要过度否定自己。

2.休个假，喘口气：如果是因为工作太久缺少休息，就赶快休个假，暂时放空自己，就可以为接下来的工作充电、补充元气。

3.适时进修，加强实力：职业倦怠很多情况下是一种"能力恐慌"，这就需要不断地为自己充电加油，以适应社会环境的压力。

4.适时运动：这是减压的绝佳方法，运动能让体内血清素增加，不仅助眠，也能转换心情。

5.寻找人际支持：除了同事，要有其他可谈心的人际网络，否则容易持续陷入同样的思维模式，一旦有压力反而很难纾解。

6.说出困难：工作、生活、感情碰到困难要说出来，倾听者不一定能帮你解决问题，但这是抒发情绪最立即有效的方法，很多抑郁症患者因碰到困难不肯跟旁人说，自己闷闷、默默地做事，最后反而让情况加重。

7. 正面思考：把工作难关当作挑战，不要轻视自己，要多自我鼓励。不懂就问，或寻求外援，唯有实际解决困难，才不会累积压力。正面思考并非天生本能，可经过后天练习养成。

心累指数测试

以下 10 项测试可以使你对于自己的心理疲劳程度有个大致的了解，测试分数仅具有参考意义，不是作为严格意义上的判断指标。

1. 在处理一些重要或是紧急的公务中，我经常掌心冰冷或出汗：

A. 常常如此　　B. 有时如此　　C. 极少如此

2. 晚上没有什么特别的事时，我也会拖到很晚才睡：

A. 从不如此　　B. 有时如此　　C. 常常如此

3. 当同事的意见和我发生冲突时，我：

A. 感到恼火，甚至有时愤怒　　B. 介于 A、C 之间　　C. 冷静考虑对方的观点和立场

4. 当领导找我时，我总会一下子紧张起来：

A. 是的　　B. 不一定　　C. 不是的

5. 办事拖延，我似乎也不太担心由此产生的后果：

A. 是的　　B. 介于 A、C 之间　　C. 不是的

6. 最近我发现我对于以前喜欢的娱乐活动其实并不太感兴趣：

A. 是的　　B. 说不准　　C. 不是的

7. 在下班时间接到显示公司号码的来电时，要很久才接听或者干脆不接：

A. 是的　　B. 有时如此　　　C. 从不如此

8. 不是很熟的人认为我干得不错，我也竭力保持别人对我的这种印象：

A. 我总是如此　　B. 介于 A、C 之间　　　C. 几乎没有这种想法

9. 在休息日总是昏昏沉沉睡到下午，然后担心时间过得太快：

A. 是的　　B. 介于 A、C 之间　　C. 不是的

10. 计划表开始变得不重要，我不再填写各种安排了：

A. 是的　　B. 偶尔也写　　C. 不是的

选 A 计 1 分，选 B 计 2 分，选 C 计 3 分；算一下，看看得分高低。分数在 10~16 分之间，说明你还没有产生心理疲劳；分数在 17~23 分之间，你需要开始注意工作和生活的平衡了；分数在 24 分及以上，也许真的到了改变你工作环境和方向的时候了，这样或许可以避免心理疲劳程度的加重。但此时也要当心，毕竟"心累"可能已经对你产生了影响，再加上你的判断力和信心可能已经失去了往日的客观，建议你请专业的职业顾问机构帮你进行分析评估，这不失为帮助自身职业发展的明智之举。

5. 我好累! ——压力与健康

"这些天我总觉得浑身没劲,胃口也不好,晚上睡觉的时候还满脑子在想事情,睡不着。"看到上面的描述你会感觉到什么?是似曾相识,或者深表同情?这是一位高级经理人对自己身体状况的描述。专家对这种描述的解读,是工作压力过大而导致的亚健康状态的表现。在最近几年里,"过劳死"的话题频频见诸报端,职业压力过大的问题又一次被人们所关注。那么,压力究竟来自哪里?它对我们的身体健康到底有多大影响?

你的压力从何而来

1. 来源于工作的压力:

引起工作压力的因素主要有:工作特性,如工作难度大、工作条件恶劣、耗时长等;员工在组织中的角色,如角色冲突、角色模糊、无法参与决策等;职业规划原因,如晋升迟缓、缺乏工作安全感、抱负受挫等;人际关系原因,与上司、同事、下属关系紧张,不善于授权等;组织变革,如并购、重组、裁员等。这些都将引起很大的心理压力。

2. 来源于生活中的压力：

每个人的个人情况不同，生活中的压力源也不相同，所以几乎生活中的每一件事情都可能会成为生活的压力源。如配偶死亡、离婚、夫妻分居、拘禁、家庭成员死亡、外伤或生病、结婚、解雇、复婚、退休等情况都可能成为压力源。

3. 来源于社会的压力：

每个人都是社会的一员，自然会感受到社会的压力。社会压力源包括社会地位、经济实力、生活条件、财务问题、住房问题等。

压力的生理反应

当我们感受到压力或者威胁时，位于大脑底部的脑下垂体会首先发难，它会开始分泌较多的肾上腺皮质刺激荷尔蒙。这些突然增加的荷尔蒙就好像发自大脑深处的警报信号一样，它会告诉肾上腺去分泌出较多的压力荷尔蒙，包括皮质醇及肾上腺素。这些压力荷尔蒙会强化我们的骨骼肌肉系统、心肺系统以及神经知觉系统的功能，目的在使我们的专注力增加、反应速度加快，同时使我们的肌肉力量增强。这些改变有助于我们去迎战或者逃离所面对的压力及危机。

当然，为了应付压力，其他生理系统的功能就会暂时性地受到压抑，其中包括：消化系统、免疫系统等。这就和电脑系统一样，在系统资源有限的情况下，主要程序会被分配到较多的资源，以增加整体系统的效能。

压力对我们健康的影响

压力荷尔蒙会使我们的心跳加快、血压升高、呼吸加速、肌肉的产能加快，以应付危急状况之所需；相反地，消化功能及免疫功能则暂时性地受到压抑。当压力消失时，压力荷尔蒙的血中浓度会很快回到正常水准，各个生理系统也随之恢复正常的步调，这是正常而完美的生理运作。

但是当压力没有很快地被克服或者释放，而持续存在时，问题就来了。持续存在的压力会使压力荷尔蒙的浓度持续升高，进而对各个生理系统产生慢性的不良影响。

压力荷尔蒙会使胃酸分泌失调、胃排空减慢、大肠蠕动加快，所以长期的压力会引发胃痛、腹泻、消化不良、腹胀的症状，甚至引发消化性溃疡、激肠症候群等慢性身心病。另外，皮质醇的长期升高，可能使食欲增加，进而使某些人反而发胖。

长期高浓度的皮质醇也会使免疫系统的功能失常。当免疫系统的功能受到压抑时，细菌及病毒感染的机会皆会增加。但有时失调的免疫系统却会变得过度反应，反而诱发或者恶化一些自体免疫疾病，如：红斑性狼疮、甲状腺功能亢进等。

持续高浓度的压力荷尔蒙会使人出现焦虑、失眠、食欲及性欲减低的现象，经久更可能出现恐慌及忧郁的情绪。

长期存在的压力也会使血压升高、心跳加快、血脂肪增加，因而促进粥状动脉硬化的发生，进而增加中风、心肌梗死等心血管疾病发生的概率。长期的皮质醇分泌增加，更会造成腹式肥胖，而腹式肥胖也会使心血管疾病及糖尿病发生的概率增加。

6. 职场减压——巧用加减乘除

为什么日子渐渐有了起色，心情却怎么也快乐不起来了？现代人似乎中了"魔咒"：匆匆的节奏中，生活已经完全乱了阵脚，渐渐疏远了亲友的联络；没完没了的工作，一直堆放在案头，压得人几乎喘不过气来；这边忙得连杯水也没时间喝，那边却又传来上司的当头棒喝。整天疲于奔命，却既没升职，也没加薪，增加的是心悸、失眠、易怒、多疑、抑郁，乃至对工作的厌倦和恐惧。

压力太大了。如何减压？那就学学"加减乘除"法，打开你的职场减压阀吧。

"加"

镜头一：早上，刘磊提前 20 分钟来到办公室，擦桌扫地边忙边想：已经 26 号了，今天无论如何要把这个月的业绩汇总弄出来，不能让主任催。

同事们陆续到了，刘磊坐到电脑旁开始做汇总表。主任推门进来："小刘你现在忙不忙？"刘磊犹豫了一下说："不算忙。"主任说："那好，你把前 10 个月的招商引资分析情况弄出来，中午前给我，顺便通知大家，下午 1 点半开会。"刘磊边答应着，边把刚开了个头的汇总表收起来开始做情况分析，折腾了 2 小时，总算把分析写出来，交到主任那里。

刘磊抬头一看，10 点半多了，便赶紧给下属单位下通知，27 个单位的通知还没下完，主任拿着他的情况分析说："这不行，太简单，好好改改。"刘磊下完通知，刚要修改情况分析，同事又叫他去餐厅吃饭。此时他又急又烦，说："我不去了，你给我捎点来吧！"同事说："你怎么整天忙得晕头转向的？"刘磊没好气地说："领导安排的，我能怎么说？"

午休后，他修改完的情况分析通过了，紧接着就是开会，总结。主任说："市级文明单位的申报材料让小刘写吧，小刘写得还行，那个招商引资先进个人嘛，小刘，你也给他们写写吧，他们也不会写，怎么样？"当着同事们的面，刘磊只好把到了嘴边的话咽下去，说："好的。"

开完会已到了下班时间，看着别的同事轻松下班，刘磊却要加班，想到手头工作就跟催命鬼一样，已经 35 岁的他顿时觉得自己肩膀上仿佛压了座大山。

减压阀：加强与上司的沟通

任何人的能量都是有限的，压力过大时应寻求上司的协助，向上司坦言任务无法独自完成的实际困难，不要心甘情愿地一个人把所有压力承担下来，同时请示有些工作是否可以分解一下。如果再多的压力你都不向上司汇报而硬撑下来，那么极有可能上司会认为你很能干，会给你安排更多的任务。

"减"

镜头二：李淼研究生毕业后，应聘到一家刚成立不久的外贸公司。他信心十足、豪情万丈，准备干一番事业。不久，李淼所在的小组通过洽谈，收到了一笔不小的订单，在总结会上，老总特意表扬了几位老同事，却没有提小李。李淼很不服气，他认为：如果不是自己用流利的英语帮着打通很多关键环节，对方不会那么痛快地签订协议。可看到客户总喜欢找业务员老王联系业务，又感到了某种压力，于是暗自下决心，一定争第一。

经思考，李淼主动请缨去开发一直不景气的欧洲市场，并拒绝了经理给他的人手。但由于他一心想发展大客户，不把中小客户放在眼里，结果3个月过去了，他的业务却没什么起色。

于是，经理派了一个老业务员协助他工作，在老业务员的坚持下，他们在年底前完成了十几笔业务，欧洲市场逐步红火起来。年终，他们因此得到公司的嘉奖。

虽然拿到了可观的奖金，李淼不仅没高兴，反而心里充满懊恼，对自己充满失望。在日复一日的工作中，李淼经常有这种感觉，总觉得自己的期望是那么遥远，就像在爬一座永远也爬不到顶峰的大山。

减压阀："减"少过高的期望

在现在这个竞争激烈的职场中，出类拔萃的人才能潇洒自如地完成很多工作，但并不意味着能把任何事情做到最好，此时，自我的人生价值和角色定位、职业规划目标设定就显得十分重要。在强手如林的竞争对手面前，如果暂时无法成为顶尖，那么，就在保证最关键的工作不要出现纰漏的情况下，短期内做到中等，这同样也是了不起的。

"乘"

镜头三：每天早上，薛彬只要一想到上班总有做不完的工作，情绪就开始低落。她无精打采地走进办公室，看到桌上小纸条上密密麻麻的待办工作，再想到昨天因工作没完成而被主任一通批评，长叹一口气："唉，为什么我的工作格外多！"

昨天，上级部门来检查档案建设工作，一上班，小薛就和同事们忙着整理办公室环境，并对档案目录进行最后检查。正忙得不可开交时，主任让她去催条幅，她打电话时，李科长又让她打印档案目录，她还没走到档案室，忽然又想起还要打电话订餐，于是又赶紧回到办公室……还没放下电话，一眼看到墙角放着的水果还没洗，立马急红了眼，正要洗水果，主任又叫她到高速路口接人。没想到她走错了路，不仅没接到检查组，而且还把单位接待的事情差点搞砸，气得主任对着薛彬大发雷霆。薛彬苦恼极了。

减压阀：制定上"乘"的工作流程

很多人都觉得工作量大、任务重，总是觉得时间不够用。实际上，在多数情况下，如何对工作进行有效的梳理、安排，是解决这种紧迫感的有效方法。你需要做的是，先清理你的办公桌面，再整理你的电脑桌面，为自己营造一个井井有条、心情舒畅的工作环境。然后按照工作的轻重缓急，制定出上乘的工作流程，从而避免陷入忙于救火的紧张状态。

"除"

镜头四：年终，企业招兵买马的好时节。春节后上班的第一天，韩东就看见公司来了200多名来应聘的年轻人。公司招新人，那么旧人是不是也会被辞退一批？想到此，他心中未免担忧。去卫生间时，路过总裁办公室，他隐隐约约地听总裁说："业绩还行的可以留下来观察一段时间，如果还是不长进，那当然不能要。"韩东忽然冒了一身冷汗，想不到自己的第六感觉如此准确：公司要裁人了。

回到办公室，韩东怎么也静不下心，如果自己被裁，那可麻烦了，老婆没工作，还有20年的房贷要还，更不用说老爸老妈了，日子可怎么过呀！想到这一系列的后果，韩东感到天要塌下来了。

从那天起，他心头像压上一块大石头，整天饭不香，觉不宁。半年后，公司招了 23 个人，原有员工一个也没辞退。原来，当时总裁指的是即将试用的大学生，而不是老员工。

减压阀："除"去瞻前顾后的畏惧心理

对明天和将来产生焦虑和恐惧，是压力的另一个特质，而事实上，任何一个人活着，都在面临着不可预知的风险，要应对这种压力，首要的不是去观望遥远的将来，而是去做好眼前一件件的工作，为明日做好准备的最佳办法就是集中你所有的智慧、热忱，把今天的工作做得尽善尽美。如果认识到自己的能力差距，就想方设法把"短腿"拉长，不断超越以前的自我，这会让你在工作中逐渐拥有无所畏惧的魄力。

第六课

———

梦与心理学

1. 开创性的巨著——《梦的解析》

梦是人类心灵深处最真实的愿望体现，是清醒状态精神生活的延续。

——弗洛伊德

"梦是本能欲望的满足。"

《梦的解析》一书最初发表于 1899 年 11 月，是弗洛伊德的代表作，也是精神分析学的奠基作品，被誉为改变人类历史的一本书，同时被看作是 20 世纪人文社会科学最重要的经典之一。它打破了数千年来人类对梦的无知和迷信，通过对大量梦境实例的科学探索和科学分析，抽丝剥茧，层层深入，点明了影响人们思想的潜意识行为，创造了许多改变旧有心理学定论的推论，被誉为"精神分析学第一名著"。

然而有趣的是，此书开始没有引起人们的注意，其德文初版总共只印了 600 册，出版六年后，只卖了 351 册，最初 10 年未受重视，到 1908 年才出第二版。弗洛伊德原本对《梦的解析》抱有极大的期望，希望借此能够通向成功，能有助于改变自己门诊半死不活的状态，结果事与愿违，他只能继续忍受着贫穷的折磨。可到了后来，它竟被西方许多学者看作是一本震撼世界的书，以致名声大噪，经久不衰，在作者生前就出了8版，最后一版出于1929年。此书在各版中一直没有重大修改，每次版本只是增加注释或略有补充。这本书先后被翻译成多种文字。

在写作之前，弗洛伊德不仅有充分的思想准备，而且搜集了大量资料。1896年和1897年，他在维也纳犹太学术厅做了有关梦的演讲。1896年10月，其父去世，他深感悲痛，促使他在先前的理论研究和医疗实践的基础上，于1897年开始进行自我分析。也就是说，促使他进行自我分析的是他父亲的逝世。弗洛伊德写道："我一直高度地尊敬和深爱他。他的聪明才智与明晰的想象力已经深深地影响到我的生活。他的死终结了他的一生，但却在我的内心深处唤起我的全部早年感受。现在我感到自己已经被连根拔起。"弗洛伊德说，自此之后，他就着手写《梦的解析》这本书。《梦的解析》是弗洛伊德对人类学、宗教、心理学和文学著作进行了五六年的研究，又连续两年对自己所做的梦做了分析之后写出来的。

在这部独创性的著作中，弗洛伊德主要分析了梦的凝缩、梦的转移和梦的二重加工，讨论了梦的隐意内容，解析了愿望满足的原理，描述了俄狄浦斯情结，还说明了幼儿生活对成人的不可避免的影响。弗洛伊德在《关于自传的研究》里曾经预言，自《梦的解析》之后，精神分析便不再是一门纯医学的学科了。此书在德国和法国的出版，把它的多种应用引向了文学、美学、宗教、历史、民俗、教育等多个领域。这些学科与医学没有太多关系，但是精神分析却对它们产生了不可估量的影响。

作为精神分析理论体系形成标志的《梦的解析》一书，1956年美国唐斯博士把它列为"改变历史的书""划时代的不朽巨著之一"，这是一部与达尔文的《物种起源论》及哥白尼的《天体运行论》并列为掀起人类三大思想革命的书。弗洛伊德通过对梦的科学探索和解析，发掘了人性的另一面——潜意识，揭开了人类心灵的一大奥秘。

曾有人评论说，弗洛伊德对梦的分析，是"现代科学对梦的分析的最具原创性、最著名与最重要的贡献"。《梦的解析》一书发表至今已有100多年的历史，但心理学界普遍认为，弗洛伊德阐述梦的基本思想和方法至今大体上未受到挑战，甚至任何值得认真研究的替代理论也没有出现过。

2. 梦究竟是什么

梦及梦的由来

梦是一种奇异现象，而做梦的经验，也是人所共有的。但在人类文化中，无论古今中外，梦始终是一个谜。

在部落社会里，人往往把梦看成是神的指示或魔鬼作祟。即使在现代化的文明社会里，仍然有着对梦的诸多迷信。在我国的传统文化中，有关梦的故事更是数不胜数。诸如：庄生梦蝶、黄粱一梦、梦笔生花、江郎才尽、南柯一梦等，都是历来为人津津乐道的梦的故事。而东、西方社会的梦的观念，似乎自古以来就有所不同。希腊哲人柏拉图曾说："好人做梦，坏人作恶。"而中国的祖先却相信"至人无梦"。以今天心理学对梦的科学研究发现来看，古代中西方对梦的看法，着实有很多的误解。根据现在心理学家的研究，不论好人坏人，不论圣贤愚鲁，人人都会做梦，甚至连动物也会做梦。因为，动物睡眠时眼球也会快速跳动（有机会你可以观察一下狗的睡眠）。不同之处，就是动物不能在醒来之后，像人那样"梦话连篇"表达出来。

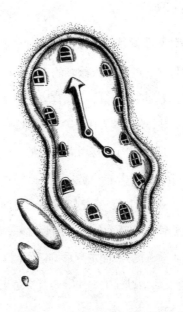

　　所谓梦在心理学上的一般解释是，梦是睡眠期中，某一阶段的意识状态下所产生的一种自发性的心理活动。在此心理活动中个体身心变化的整个历程，称为做梦。

　　做梦是人体一种正常的、必不可少的生理和心理现象。人入睡后，一小部分脑细胞仍在活动，这就是梦的基础。据研究，人们的睡眠是由正相睡眠和异相睡眠两种形式交替进行，在异相睡眠中被唤醒的人有80%正在做梦，在正相睡眠中被唤醒的人有7%正在做梦。在一个典型的睡眠中，一般人的第一个梦，大约出现在入睡后的90分钟。梦境的持续时间，约为5~15分钟（平均为10分钟）。整夜的睡眠时间内，梦在睡眠的各个阶段循环出现，而人在一夜内大约要做4~6个梦。

关于梦的两个问题

（一）人为什么要做梦，不做梦会有什么反应

科学工作者做了一些阻断人做梦的实验，即当睡眠者一出现做梦的脑电波时，就立即被唤醒，不让其梦境继续，如此反复进行，结果发现对梦的剥夺，会导致人体一系列生理异常，如血压、脉搏、体温以及皮肤的电反应能力均有增高的趋势，植物神经系统机能有所减弱，同时还会引起人的一系列不良心理反应，如出现焦虑不安、紧张易怒、感知幻觉、记忆障碍等。显而易见，正常的梦境活动，是保证机体正常活力的重要因素之一。由于人在梦中是以右侧大脑半球活动占优势，而觉醒后则以左侧大脑半球占优势，在机体 24 小时昼夜活动过程中，使醒与梦交替出现，可以达到神经调节和精神活动的动态平衡。

因此，梦是协调人体心理世界平衡的一种方式，特别是对人的注意力、情绪和认识活动有较明显的作用。无梦睡眠不仅质量不好，而且还是大脑受损害或患病的一种征兆。临床医生发现，有些患有头痛和头晕的病人，常诉说睡眠中不再有梦或很少做梦，经诊断检查，证实这些病人脑内轻微出血或长有肿瘤。医学观察表明：痴呆儿童有梦睡眠明显地少于同龄的正常儿童；患慢性脑综合征的老人，有梦睡眠明显少于同龄的正常老人。

最近的研究成果亦证实了这个观点，即梦是大脑调节中心平衡机体各种功能的结果，梦是大脑健康发育和维持正常思维的需要。倘若大脑调节中心受损，就形成不了梦，或仅出现一些残缺不全的梦境片断，如果长期无梦睡眠，倒值得人们警惕了。当然，

若长期噩梦连连，也常是身体虚弱或患有某些疾病的预兆。

（二）每夜都会做 4~6 个梦，为什么醒来后只能记得极少数的梦

对这个问题，有三种不同看法。其一是干扰论的看法：认为数个梦彼此干扰，新做的梦，干扰了前面的梦。虽然在一夜之间梦境连连，早晨起床时，很可能只记得临醒之前的最后一个梦。这个解释，大致符合一般人的经验。其二是动机性遗忘论的看法：认为梦境中多属令人不愉快的事，当事人不记忆，以免引起焦虑。这个解释，不符合一般事实。因为，事实上一般人所记忆的梦境，并非全属令人愉快的事。其三是信息处理理论的看法：认为做梦都是在短时间内完成，在性质上均属短期记忆。短时记忆如不经复习或输入长期记忆中去加以贮存，自然很快就会忘记。这是认知心理学兴起以来的一种新的解释法，看来较为合理。

3. 梦的常见意象及其意义

一个未做解释的梦就像一封未拆开的信。

—— 《犹太法典》

梦的景象

未被解释的梦就仿佛是一本天书，我们看到它，却不知道它的意义。我们在做完梦之后，总会有这样的疑问："这个梦到底是什么意思？"要破译它，首先是要熟悉梦中的文字——也就是熟悉梦中经常出现的形象，知道这些形象常有的象征意义。每个形象的意义，都要根据具体梦中的前后背景做分析，综合判断，才能最后决定。某一个形象常有的象征意义可能会有几种，我们综合看整个梦，是可以知道在这个梦中它的意义是哪一种的。

不过，一个形象在梦中代表的意义也是有规律的。它会有几个常用的意义。如果我们知道了这些常用意义，对我们自会有帮助。

（一）动物的意象

一般来说，我们梦中动物的象征和神话、童话故事中这个动物的性格是有相似性的。

鱼常见的意义有几种：表示潜意识深处的灵感、表示直觉、表示温柔。

蛇表示的内容很丰富。首先，蛇表示性，特别是男性生殖器。毒蛇往往象征着有害的性，例如被强奸。但是毒蛇或蛇也可以表示与性无关的毒害、伤害，表示憎恨、仇怨等。蛇还代表邪恶、狡诈、欺骗以及诱惑。从另一方面说，蛇又表示智慧，一种深入人内心深处的智慧、深刻的直觉智慧。蛇可以象征一个人，也可以象征一种人的情感，他对你纠缠不休，缠得你喘不过气来；或者，他对你关怀得无微不至，这种过度的无微不至使你没有了独立性。

鸟主要代表自由，也代表自然、直接、简明、不虚饰，还可以代表快乐；鸟也代表一个进入精神力量（由天空来表征）的人口。鸟也可以是性象征，鸟的飞翔，可以象征男人的性能力强；鸟的坠落，可以表示男人性无能。

狗的特点是对主人忠心，对敌人凶狠。它常常被用来象征道德、自我约束、自我要求和纪律。

马象征一种"张扬"的性格。马也可以象征性爱。女性的梦中会用马来象征男人，用骑马来象征性行为。

羊、鹿、鸽子等代表的是温和、和平、善良的性格。

猫常常被用来象征神秘、野性又温柔的人，大多是女性。她们慵懒、漂亮又可爱，有点自私，有点小脾气，有点贪嘴、贪睡，有点狡黠，但是她们仍旧被男人喜爱。因为她们的那种柔顺让人怜爱。但这只是猫白天的样子，晚上的猫就完全不同了。夜里的猫对待老鼠十分残忍，抓住了不马上吃，还要逗它玩，要看老鼠那种无望的挣扎。夜里猫发情时，情欲非常旺盛。在梦中的猫，就是指这样的人，她们有时温柔，有时厉害，有些狡黠，也有些性感。

蝙蝠对西方人来说是一种可怕的动物，作为一种夜间动物，它可以象征与早期的创伤性经历有关的潜意识内容。另外一方面，蝙蝠也可以象征直觉的智慧。

狼象征心中害怕的各种东西，尤其是你认为是"兽性的"、攻击的、破坏性的。可能你的害怕是非理性的或来自童年创伤经验本能压抑的结果。

狮子象征的性格是威严的、有力量的、勇敢的，有王者之风，爱保护弱者。虎和狮子一样勇敢有力量，也一样威严。但是虎和狮子的性格有所不同，狮子更有团体性，虎更有独立性。

蜘蛛往往代表束缚——因为蜘蛛会结网。蜘蛛有时候还代表那种把孩子管得紧紧的、抓得牢牢的母亲。这种母亲在白天可能也很溺爱孩子，孩子也和她感情不错，但是在梦里梦者却会很恐惧：蜘蛛要把他吃掉。

（二）交通工具的意象

汽车可能代表你自己的身体或自己的情感，它所去的方向意味着你的生活道路指向。汽车也可以象征一个小环境，例如一个家庭、一个班组等。也象征着自己的身体或心灵。某人梦见女友和同学同骑一辆自行车，感到非常嫉妒。这是一个性象征，两人同骑一车表示性爱。

船和水一样，可以象征女性，比如你内心中的女性化部分，或者母亲、母性。船也可以做女性的性象征，乘船的摇晃也可以做性的解释。驶往国外的船象征着进入陌生的领域。如果船横渡一个窄的水道，象征死亡或者从生命的一个阶段到另一个，或和过去决裂开始一种全新的生活。

火车是定时的，因此除了汽车所有的意义之外，还可以象征着时间、时代或时机。

（三）衣服的意象

衣服是人的外表，可以象征虚伪，也可以是身份的象征，还可能代表人的特性，也象征着性格的特点。衣服的式样是性格，衣服的颜色是性格基调的象征。

鞋最常见的是用来象征异性，或象征婚姻。

（四）物品的意象

电话象征着潜意识中的信息。打不通电话象征着和自己的或别人的潜意识沟通困难。

电视机和电话的意义相仿，电视中的内容往往是潜意识心理的体现。

瓶子可以象征女性性器官，或者象征女人，比如在日常语言中，我们把那些漂亮但是没有能力的女人称为"花瓶"。如果瓶子里装着东西，则瓶里的东西表示其象征意义。如果瓶子是空的，则代表空虚。

盒子也可以作为女性的性象征。还可以代表自己、自己的内心。这个意义和"房子"的意义很相似。打开的盒子表示你对自己有所了解。如果盒子里装着某种贵重的东西，它可能代表你的真实、基本或深度的自我，以及丰富的能量、力量、智慧和爱。如果这盒子令你恐惧，像潘多拉的盒子，里面充满瘟疫般的东西，那么其象征至少有以下三种可能：象征你的潜意识中被压抑的力量，本能冲动，以及被掩藏的情绪；如果你是男性，这盒子可能代表女性的消极成分，她引诱你去破坏，或者代表专制的、阻碍你独立的母亲；代表灾难的源泉。

武器有时象征性。女性梦见男性手持武器攻击她往往代表男性对她的性欲望。在梦里，女性看到男性手持刀枪冲过来，常会吓得急忙逃跑，但是实际上这些梦者心里是需要男性以一种更主动、更攻击性的态度来对待她的。梦者真正恐惧的是她自己心中的欲望：希望被男性征服，希望男性占有她。

（五）坟、鬼和阴间的意象

坟象征死亡、埋葬。但是死亡或埋葬未必是可怕的，如果被埋葬的是伤痛、错误、缺点，那么这也许还是一件好事。坟还象征安宁。

鬼象征邪恶，鬼还可以象征危险，是消极的心理状态的象征。鬼的不同形式代表不同的心理问题。凶恶的男鬼代表邪恶，或者说代表对自己的阴影不接受。

阴间可能象征绝望。有时，梦见阴间也有好的一面，它象征着为了你的人格更完善，旧的你"必须死掉"。老年人梦见阴间，有时是出于对死亡的担心。阴间还代表埋在记忆深处的东西，如果梦见在阴间见到一个已故的亲友，这代表你回忆起了他，或者代表你的一种旧的情感或习惯的复活。

（六）水的意象

水是繁殖、成长、创造性潜能的常见象征（尤其是水处于静止状态，如水库或湖），也是新生活或康复的象征。水可以象征生命力。

水还是女性的象征，代表你的女性倾向（无论你是男性、女性），或是你的母亲。梦中的水是什么状态很重要，注意那水是自由流动的，还是有阻碍或是结冰，或是干净还是浑浊。水越清澈，说明你的深层情绪状态越好；水越脏，说明你的心理和情绪越不好。

河流是水的通道，因此河流还有通路的意思。

（七）路的意象

路表示生活道路。路的状态代表梦者认为自己的生活道路是什么样子的。路崎岖坎坷，表明梦者认为人生的道路是坎坷的，容易出现的问题是怨愤。路是荒凉的，表明来访者的生活孤独寂寞。当一个人面临选择时，梦中的路有分岔，不同的道路有不同的景象，表示他的不同选择。

（八）人的意象

还有一个重要的形象就是人，梦中的人往往代表的不是他自己。

你也许梦见了国家主席，你觉得很奇怪为什么会梦见他。答案是：国家主席在你的梦中代表的是另一个人，也许是你爸爸，或者是你的丈夫。

你也许会梦见你小学的同学，这个同学你已经多年没有见到过了。他往往也是另一个人，一个你现在生活中遇到的人。

你也许梦见了死去的人，迷信的话就以为是那个人的鬼魂托梦，实际上这个死去的人也往往代表的是另一个人。

要想知道梦中的人实际上是代表谁，有个简单的方法：先问自己，梦中的这个人有什么特点？然后想一想，生活中谁有这样的特点？

梦的表达方式

如果说梦是一部"天书"，这部天书的写作手法也不难懂。最根本的方法，就是用一些象征性的形象来代替实际事物。就像诗人一样，管月亮不叫月亮，叫婵娟。梦也一样，明明是性梦，偏偏梦见"游泳"（游泳可以象征性）。除此之外还有一些具体的技巧。

（一）凝缩

梦中会把几个东西拼接到一起，形成一个综合的形象。有一个女人梦见一座房子，有些像厕所，又像海边的更衣室，也有些像家里的阁楼。要知道这个房子的意义，我们可以这样去想：这三座房子有什么共同之处？都是脱衣服的地方。所以，这个房子的意义是：我脱衣服的地方。再进一步说，这个梦和性有关，脱衣服是性的象征。

（二）变形

就像画漫画一样，为了突出某个人的特点，梦会把他变形。梦的变形比漫画要夸张多了，漫画中就算成龙的鼻子画得极大，我们至少还可以认出来这是成龙。而梦也许就会把他夸张成大鼻子的狮子。

（三）删略

梦会有意识地删略一些情节。比如，某女士梦见一匹白马悬在空中。经过分析这白马代表男人。白马为什么要悬在空中呢？是梦者把白马下面的支撑物删除了，这个支撑物就是她自己——这也是一个性梦。

（四）借代

梦中出现的人物大多是另一个人的借代。有一个女孩子梦见潘金莲和武松做爱，经过分析，潘金莲就代表她自己，而武松代表她的姐夫。

（五）拟人

梦中用一个人来代表一种观念。例如，有一个男子梦见被三个人追杀，这三个人一个手臂很长，一个脸很红，另一个脸很黑。在生活中，他和自己好朋友的妻子有暧昧关系。他梦中的三个人就是刘备、关羽和张飞，这三个人代表的是义气，是义气的拟人化的表现。他觉得自己不够义气，所以义气就来追杀他。

（六）部分代表整体

梦常常用身体的部分代表整体，或者是用这个部分的象征物代表这个人。比如，梦见花瓶代表女人。实际上，这个梦中的花瓶象征着这个女人的性器官，是身体的一部分。

（七）并列

有时会梦见几段不同的梦，而表达同一个意思。比如有人梦见："我走在路上，路边的树上有金色的花，我想采没有采到"；"草地上有母鸡和小鸡，我想抓一只小鸡，没有抓到"。这两段梦是一个意思：想生一个孩子，但是没有怀孕。

（八）相反

俗语说"梦是反的"。这个俗语只适合少数情况，就是梦采用"相反"技巧。比如一个人担心丈夫有外遇，结果就梦见自己有外遇。当真实对一个人来说不能忍受，梦可能就会"反"一下，好让梦者容易接受。

（九）影射和双关

梦中有一个明显的意义，但是在这个意义背后也许还有另一个意义。比如，一个人睡前吃的东西比较咸，结果在梦中找水喝。这是很合理的。但是，也许背后还有一个意义，他"渴望"得到某个女性（用水代表）的爱。

（十）用形象来表示字词

有人梦见独腿人站在暖气边，经过解释，其意义是：有了爱的"温暖"就可以"独立"。

4.梦到鬼了怎么办

梦是心灵的思想,是我们的秘密真情。

—— 杜鲁门·卡波特

在梦中,几乎所有人都遇见过鬼,那么,梦中的鬼代表着什么? 现代心理学家根据人的心理情绪状况对梦中的鬼进行分类,认为鬼的类型就是某种情绪的表现形式。

(一)白衣女鬼——孤独而缺乏生命力

我们在梦中出现得最多的是白衣女鬼的形象,她们的特点是长发飘飘,看起来很弱小,代表抑郁的情绪。白色象征纯洁高贵,但是当白色和鬼结合起来时,代表的是缺乏力量和生命力,代表苍白无力。白衣象征着血液流干后的苍白感,在这里,血是爱和情感的象征,当一个人的爱和情感没有了之后,她就变得苍白了。梦里这种女鬼往往是单独出现的,很孤独,因为抑郁的一个本质特点就是孤独。

(二)僵尸——对感情冷漠而麻木

僵尸,看上去没有血,就像我们常说的"活死人",实际上他们在精神上已经变得冷漠。这样的人对整个生活已经麻木,完全把自己内心的情感封闭起来，对世界没有情感反应，对他人机械。这种人的情感是被极度压抑的，他们由于缺乏情感和爱而变得僵化，失去活力。

（三）淹死鬼——沉溺情感无法自拔

淹死鬼代表情感过于沉溺而无法挣脱，形象特征是湿淋淋的。它往往表达的是一种受情感压迫的表现。就像我们常常说的：既不打你，也不骂你，就用情感来折磨你。还有一种淹死鬼表达的是对感情的渴望与纠缠，一个人沉溺于情感无法自拔，那么他就会淹死，这样的人躲在情感的世界不能自拔。

（四）厉鬼——压抑的愤怒情绪

一位40多岁的女性曾经描述自己在童年期得不到父母的关爱，总是被父母严厉地训斥，使她的童年过得非常不愉快的经历。在她的梦中，常常出现张牙舞爪、面目凶恶的厉鬼。原来在她的内心一直都存在着对父母的一种愤怒的消极情绪，这种情绪转化成了她梦中的厉鬼。

厉鬼代表压抑的愤怒情绪，愤怒情绪积压时间久了，就会在梦中或是意象中出现厉鬼，这也表达了梦者对愤怒情绪的不接纳。受挫折多的人往往富有攻击性的心理，而这种攻击得不到满足，常会以一种方式转换，即梦见的厉鬼。

（五）吸血鬼——严重的依赖心理

常常梦见吸血鬼的人，有严重的依赖心理。梦见这种鬼的人觉得缺少情感和爱的时候，不去找自己的原因，而是通过吸取别人的情感来维持自己的活力。我们常常看到有些女性，在情感上对别人极其依赖，整天追踪男性，电话打个不停。吸血鬼象征看不见的吸纳，剥夺别人的情感。

（六）其他梦中鬼的象征意义

骷髅鬼：骷髅鬼是白衣女鬼、僵尸的极端表现，当一个人情感极度缺乏，到了一定极限就变成了骷髅。骷髅象征死亡。当我们对死亡特别恐惧，或者生命力极弱的时候，我们也有可能会梦到骷髅。

饿鬼：梦见饿鬼的人吸毒者居多。饿鬼的特点是能量匮乏、饥不择食。例如当人吸毒后，会产生平时无法感受到的兴奋和快感，以此来麻痹自己，逃避面对自己心灵饥饿的状态。

吊死鬼：梦见吊死鬼的人表明他不敢面对自己内心阴暗的东西，更不敢表达出来。舌头表示想说的欲望。

无头鬼：人的头部代表理智，胸部代表情感，胸部以下代表欲望。无头代表理智与情感隔离得非常厉害。梦见无头鬼说明这个人理智太强，把自己的情感压抑得太深，然而压抑的力量有多大，被压抑的阴暗面的力量就有多大，内心阴暗面的力量得不到宣泄，就会转化成梦的形式。

色鬼：还有一种鬼看上去有迷人的外表，但是身体周围会出现很多龌龊的东西，比如一些黏糊糊的东西。这样的鬼内心放荡，它象征性变态，性心理有问题。

其实，我们每个人都会有本能的一面，都会有情感的缺失，当这些问题不是主导问题的时候，不会对我们的生活造成影响。只有当它上升到一个较高的程度，才有可能形成精神上的病症，比如抑郁症。通过科学认识梦中鬼这种客观的心理来了解自己内心的阴暗面，达到一种充分的自知，可以使自己的内心状态更自然、更健康。我们应该善待鬼，善待鬼就是善待我们自己。

5. 噩梦传递了什么信息

它（指梦）是一种具有充分价值的精神现象，而且确实是一种愿望的满足。

——弗洛伊德

解密噩梦

不少人有这样的苦恼：入睡后，常常做噩梦，甚至被惊醒。由于睡不好，次日头昏脑涨，影响了工作和学习。有的还担心噩梦会给自己带来厄运，造成心理上的恐惧和不安。

其实，做噩梦与吉凶福祸没有直接联系，不要为此担忧。关于梦境的内容，研究梦的心理学家一般认为主要有这样三类：其一，日有所思，夜有所梦。有的人喜欢看一些惊险、恐怖的影视录像或小说，这些刺激形成了记忆表象，一旦进入梦境就容易做与此有关的梦。其二，由于人的睡觉姿势不好，如趴着睡觉或手放在胸部压迫了心脏，容易做一些恐怖的噩梦。还有人在身体有病的时候，如头痛发烧、心脏不好造成大脑缺氧或供血不足时也会做噩梦。

解除噩梦

从心理学上来说，首先，做这些梦反映着梦者对自己的处境有很大的不安全感，这可能是梦者面临的处境所造成的心理负担的表现。应该做的是调整心态，保持心情稳定。其次，要每天抽出一定的时间与人交流，或看看电视、玩玩游戏、参加体育活动等，这样可以起到缓解压力的作用，同时要有适当休息，保证有一个良好的心态。再其次，转移兴奋点。人的大脑具有喜新厌旧、喜色好乐的特性，一旦变换环境，大脑就会在新鲜感的驱动下增加活力，如果再辅以田园山水游玩、趣味娱乐游戏、幽默笑话之类的活动，对缓解紧张与压力效果更佳。其四，必须保证每天有充足的睡眠时间，切莫以牺牲睡眠时间去干一些得不偿失的事。其五，要以平常心对待面临的处境，顺其自然，不要过多地去想面临的处境，同时尽量和朋友、家人谈论面临的处境，这样可以起到分担和化解的作用。其六，坚持每天参加体育锻炼。体育锻炼能使大脑的兴奋与抑制过程合理交替，避免神经系统过度紧张；并且按大脑皮质功能轮换的原则，可以消除脑力疲劳；锻炼的项目可根据自己的爱好选择，因地制宜，如各种球类、跑步、练操等；运动量要适中，不宜运动量大的活动，避免劳累过度，影响晚上的休息效果。其七，在任何时候都要对自己有自信心，并不时用内心的语言激励自己："我很棒"，"我表现得很好"，"人们都很喜欢我"。最后，有针对性地安排自己的学习、工作和生活，培养多方面的情趣。

噩梦种种

噩梦使人感到恐怖、绝望，每个人都害怕噩梦，在梦境中所见到的东西是否会在现实中出现，它们又代表了什么含义呢？

（一）梦到自己被鬼抓走

你可能是社交企图心强，或是希望得到所有人的喝彩和关怀，才通过鬼这种东西来引起大家的注意。尤其你在潜意识中一定会认为，你被鬼抓走，所有的人都应该会把注意力集中在你身上，这样一来就达到了你受人注意的目的。事实上，在梦中你之所以怕鬼，是为了表现你的无助，你不是怕鬼，你怕的是大家不注意你，只是用鬼来伪装你的动机罢了。

（二）梦到你的亲人被车轧死

你做这个梦，暗示你可能对你的家人有不好的印象；也可能你是不喜欢安定生活，喜欢生活中有新鲜感和刺激感；也有可能是家的感觉给你很大的束缚和压力，所以你在潜意识中会想让整个家有全新的转变，只是你的潜意识安排得太吓人了。不过，你对你的家也没有什么恶意，只是很单纯且很主观地从你自己的角度来发泄而已，不要太自责。

（三）梦到你得了绝症，而且即将死亡

不要紧张，你不是真的得了绝症，你可能是在生活中比较孤单，个性内向、保守，不受家人、同学、朋友的注意和关心，所以潜意识会做这个梦来满足你的愿望。很显然，你的愿望就是大家都能注意你、关心你，而罹患绝症是最受人同情的情境，所以你会做这种梦。

6. 难以启齿的性梦

梦的内容是在于愿望的达成，其动机在于某种愿望。

——弗洛伊德

概说性梦

我们经常会将自己的梦讲出来，可是遇到赤裸裸的性体验或性行为的春梦却难以启齿。"春梦"实际上是自己的性态度或人际交往中的心理反应。性是人的基本愿望和需要，在梦中经常会出现性或象征性的种种形象也就不足为奇了。

心理学家——特别是临床心理学家和精神分析派的心理学家认为，性在人生活中占据着很重要的地位。性的成熟、健康和适当满足是心理健康的重要基础，性的压抑、放纵和异常是许多心理异常的根本原因。

性的需要可以通过梦得到一定程度的满足，所以经常出现的性梦对人有实实在在的好处。

包含性内容的梦是十分常见的。在一项研究中，研究者给250名大学生一张表格，表上列出34个常见的梦的主题，让大学生指出他们是否梦到过这些情节。结果表明"性经验"（主要指性交）被梦到的比率高居第六位。64%的大学生经历过这类梦。如果加上其他形式的性内容，则几乎可以肯定每个人都经历过这类梦。

心理学里的性梦种种

性梦的内容包含很多，如看到裸体的异性，与异性接吻、拥抱，被异性爱抚，爱抚异性，性交等。梦中异性的形象有时是清晰的（往往是熟悉的人），有时是模糊的，甚至有时只是一个影子或部分器官。

性梦中的性内容有时表现为象征的或隐喻的形式。例如，梦见到浴池洗澡，发现浴池是男女合用的。这种梦几乎可以肯定是性梦。因为到浴池要脱衣服，洗澡会出汗，这都是性行为的隐喻。与此相近，梦见洗浴（但梦中没有出现异性形象），或梦见游泳也常常是性的象征。

有的性梦表面看起来似乎完全与性无关。例如，一位女大学生梦到有个男医生要给她打针，她很害怕。医生说，这儿有一丸药，把它吃了就没事儿了。表面和性无关，而实际上这个梦的意思是：一个男人想和她发生性关系，也就是"打针"，她很害怕会怀孕，而这个男人说"吃了避孕药就没事儿了"。

个别的性梦中，性冲动反而是次要因素，做性梦的人可能跟实际的性心理有直接的关系，也可能与性没有关系，而只是人际交往中的心理反应。具体梦境需具体分析。

（一）裸体的春梦

有一类梦境跟"春梦"很接近，即"裸体"梦。"裸体"在梦境中的基本象征意义是没有掩饰、真诚坦白或是人的性愿望的一种含羞满足。

当然，梦见自己裸体也有"被人看穿"的意思。比如，有位大学讲师常梦见自己在校园散步或在阅览室里看书，忽然觉得人人都在看他，他低头一看，发现自己全身赤裸，只穿着鞋和袜子。通过释梦了解到，梦者对自己的评价不高，认为自己的论文有欺世盗名之嫌，因此，他常常处于被别人看穿的担心之中。

"裸体"往往与性有关，梦中发现自己裸体的感受，正表明自己对性的态度。梦见自己裸体时的情绪感受是愉快的，表明梦者对性的态度较坦然，没有性压抑；反之，则表明梦者多少对自己的愿望是不敢面对的。梦境中如果出现别人对你裸体的感受，象征着现实生活中别人对你的看法。比如，某人梦见老师赤裸，而且生殖器细小，这个梦表明他觉得老师很真诚，但也觉得老师不够男子气。如果梦中出现裸体的异性，并且唤起梦者强烈的性冲动，这是梦者对于现实中无法实现的性愿望的一种补偿而已。

那么是否可以推断"春梦"是一种心理上的性欲"公开"满足呢？其实不尽然。因为，之所以"公开"，是因为一般梦者性压抑程度较小、对性的态度较坦然；之所以有清晰的性行为，是因为梦者实际的性经验比较丰富。

（二）梦到与异性发生性关系

如果梦到与异性同事发生性关系（现实中梦者没有过这样的念头），并且情绪基调是愉快的，则象征含义为在实际工作中梦者与同事合作非常愉快和顺利。比如，一个职员梦到与女上司发生了性关系。通过释梦了解到，他与女上司工作中一直沟通不顺畅，心理上希望与她改善这种沟通不良的状况。在梦中的"性行为"代表了他期望与女上司沟通顺畅的愿望。

（三）梦到与亲人的性梦

如果梦到与异性亲人、长辈发生性关系的梦，则大概可以分为两种情况。

如果性对象是父亲或母亲，精神分析理论认为是梦者的"乱伦"欲望的心理反映，称之为"俄狄浦斯情结"。不过，心理学家的研究表明，乱伦的性欲望在梦里极少出现，相反它会用隐喻和象征的方式出现，而这类梦往往以噩梦来体现。也有心理学家根据具体梦境，进行"非性"的解释，比如梦见和已婚的妇人性交，表示梦者"可以得救"；梦见和母亲性交，表示他能"得到很多智慧"。

而如果性对象为梦者尊敬或崇敬的长辈或长者，象征的是思想上的交流与共鸣。比如，一位女心理学家梦见她和一位很著名的长者发生性关系。长者代表传统，这个梦的意思是她的思想与传统思想的代表进行了交流与共鸣。

（四）痛苦的性梦

一个女孩梦到："自已被人强奸了，但强奸后对方告诉我他没成功，我还是处女。奇怪的是，在梦里的强奸是我自愿的，强奸我的人是像我外公一样的老头子。还有更怪就是他是从后面强奸了我。"

在这个梦里，"强奸"象征着一种强加于她的意志。"后面强奸"象征不当着她的面，就已经替她做出了违背她意志的决定。"外公""老头子"象征着对她施加意志的男性长辈或者陈旧思想。"自愿"则表示她对强加意志的态度是顺从的。"他没成功我还是处女"则表示虽然强加意志给她，但还是不能改变她本来的想法。

在说到性梦时，我们应该说明，所谓性梦指的是其真实意义与性有关，成为满足性欲而做的梦。这些梦表面上未必有性，也许是一幕天真无邪的情景，而通过象征来展示性的意义。反过来，有些梦表面是性，而实际上却与性无关，这种梦不能称为性梦。

比如："我看见那个天使手中握着一支金色的长矛，它那铁的坚硬的尖端似乎还燃着一点火光。他就用这支长矛朝我心中刺了好几次，终于穿透了我的脏腑。当他拔出长矛的时候，我几乎以为他连我的肠子都拉了出来，他让我完全燃烧在上帝的爱里。那是很痛苦的，我呻吟了几声，但是这种痛苦带来了无限的甜美，使我几乎不愿失去它。"

这是一个修女的梦。修女们的观念中，忍受痛苦是接受考验、接近上帝的一种方式，因而她梦见自己受苦。不过她自己没有意识到，她梦中受苦的方式是多么类似性爱，她这种在痛苦中得到的无限的甜美多么类似性生活的感受。

这显然是性梦，而且这一修女做这种梦也完全可以理解：不论她是多么主动自愿地过禁欲的生活，她的身体仍旧有身体的需要，梦只有以她的意识可以接受的方式帮助身体稍许满足一些这种需要。

一个人梦见别人强奸自己，实际上只是意指对方"强迫自己服从对方的意志"而已。如果你走进佛教密宗的寺庙，你可能会惊奇地发现许多男女交欢的雕像，但是这雕像并不是表现性的艺术，而是表现宗教理念的，男人代表智慧，女人代表慈悲；男女交欢代表着，你只有把智慧和慈悲心结合到一起，才能得到真正的成就。

还有一种情况：表面上梦见的是性而实际上也是性，这也是性梦。这就是所谓赤裸裸的性梦。青少年和缺少正常性生活的人都会做这种赤裸裸的性梦。女性在没有什么性经验时较少做赤裸裸的性梦，而性经验较多、年龄已在30岁以上的成熟女性则多会做这种梦。

这种梦往往情节十分简单甚至没有什么情节："我梦见和一个女人做爱，然后就泄了。""我梦见我在路上遇见一个女孩，我拦住她，和她做爱。我没有梦见脱她的衣服，就直接梦见做爱，然后就射精了。""我梦见许多裸体女人，看不清楚脸，只看到身体，然后我就上前抱住一个，就在这时我醒来了，感到遗憾，为什么醒得这么早。"……

赤裸裸的性梦中的性对象往往是特征模糊的，她（他）主要不是象征着某个人，而只是代表单纯的女人（男人），单纯的性对象。在这种情况下，人没有违背道德的恐惧，所以不采取变形和化装。如果梦者的性冲动指向了一个具体的人，而这个人又不是自己的配偶，那么他往往不会做这种赤裸裸的性梦，而会转而去做用象征物表示性的梦。

影响性梦的因素

此外，不同因素也影响人做不同的性梦。

（一）做性梦与经验的多少有关

没有性交经验的人性梦是粗略模糊的。经验越多，性梦也就越逼真、详细、生动。根据坎思的资料，年轻姑娘做的性梦都十分浪漫，梦境的性行为至多只是拥抱和接吻，极少有性交。而中年已婚妇女的性梦则不同，性的表现更直接，而且相当一部分中年妇女时常会在梦中达到性高潮。

（二）与性别有关

男性的性梦比女性的性梦更为直露。

（三）影响因素是性的对象

乱伦的性欲望在性梦里极少直接出现，相反它会用隐喻或象征的方式出现。对异性恋者来说，对同性的性冲动在梦里也往往是用象征的形式出现的。这类梦常常转化为噩梦。

（四）与做梦者的性观念有关

做梦者对性所持的态度越开放，性梦的梦境也就越直露。性梦不仅仅是为了满足性欲，它还反映了梦者对性、对异性和对整个生活的态度和观念。如，一个年轻男子梦到自己正和一个游离的女性性器官进行性交。这反映了梦者对异性的态度，他只对女性身上的某些器官感兴趣，而不关心整体。

7. 梦到死亡的含义

梦是一个人与内心世界的另一个自己的真实对话，是自己向自己学习的过程，是在经历另外一次与自己息息相关的人生。当你沉入最隐秘的梦境时，你所看见、所感觉到的一切，你的欲望、眼泪、痛苦以及欢乐，都是有意义的，是自己内心情感和梦想的真实写照。

——弗洛伊德

梦见死亡应该是很多人做梦的体验，那么，梦见死亡是怎么回事？在心理学上，这样梦境又该做如何解释？

通过对生活中形形色色的有关死亡的梦分析，我们可以发现梦见死亡的梦境从内容上不外乎这样三类：梦见不知名的死人，在梦中他们也是作为尸体出现的而不是像活人一样活动的；梦见自己死去；梦见现实生活中活着的人死去。

（一）梦见不知名的死人或者尸体，往往代表已"死亡"的事物

这里所说的死亡是象征意义的死亡，而不是真的死亡。例如，一个人梦见他走上一座山，路两边都是死人。心理学家分析后，发现在这个梦中，死人代表他自己丧失了生机和活力。梦见自己认识的人死去也有这一层意义，即表示这个人（或这个人所象征的另一个人）正在失去活力，变得僵死。

（二）梦见自己死去表示担心自己变得僵死

这种关于死亡的梦有时会梦见人变成了石像。一位 25 岁的姑娘梦见自己做好了晚餐，她叫人来吃饭但是没人答应，只有自己的声音传回来，就像是一个深邃的洞穴的回声。她毛骨悚然，感到整个屋子空无一人。她冲上楼，在第一间卧室里，看见妹妹僵坐在床上，毫不理会她焦急的呼唤。她走过去摇醒她，突然发现是尊石像。她恐怖地逃进母亲的卧室，可母亲也变成了石头。绝望中，她只好逃向父亲的屋子，可是父亲也是石头。

此外，当一个人感到"虽生犹死"，感到自己如"行尸走肉"，感到自己的心已经死了，感到自己已不再成长时，他也会梦到自己的死亡。

（三）死亡还象征着遗忘、消除、克服等

一个失恋的女子时时梦见她以前的男友，后来有一天，她梦见那个男友死了。当时并没有任何事件会让她担心那个人出事。她已经几年没有听到他的消息了。这里的死就是遗忘的意思，女孩认为自己已经把他遗忘了。在做梦前一天，她认识了一位很好的男子，也许梦在昭示，新的感情使旧的感情让位了吧。

有个人接受了一段时间的心理咨询后，梦见自己杀了一个人。他俯身去看死人，却发现那人是自己，不过长得很丑陋。我们应该为他庆祝，因为通过心理咨询，他杀了"过去的我"，杀死了那个心灵丑陋的病态的"我"。

因此，梦见死不一定是坏事。如果死去的是美好的人物或事物，那是坏事。如果死去的是丑陋的、陈旧的事物，那无疑是好事。在梦中相貌丑陋的人代表坏的事物、邪恶、仇恨、愚蠢和种种恶习。相貌美的人代表好的事物。

（四）梦见死亡的其他含义

弗洛伊德指出，梦见亲友死亡而且梦中很悲痛，往往是幼年时希望亲友死亡的愿望再现。他指出人在幼年时会希望自己不喜欢的人死，儿童在憎恨与他共同分享父母之爱的兄弟姐妹时，也盼望他们死去。在儿童的心中，或在成年人的潜意识中，让别人死并非什么大罪，只是"让他永远不能回来"而已。当人怨恨别人时，会梦见他死亡。如果这个别人是亲人，梦者会在梦中刻意地、过度地表示悲痛。

当然，也不可否认，有时梦见亲友死亡也许就是表示一种猜

想而已。例如某人梦见爷爷死了。在睡前他收到信说他爷爷病了，他自然会想到年纪大的人病了是很有可能会死的。此时，梦只是表示一种担心与猜测而已。

8. 梦能预示未来吗

梦是我们许多爱好的真正解释者，但我们需要一种书来了解它们和进行分类。

——蒙田

现实生活中，不少人曾有过这样的经历：在看什么东西或某一情景的时候，会突然有一种似曾相识的感觉，觉得这事曾经发生过：我曾经到过这里，我曾经做过这件事，我曾经听到过这样的话，当时也是这样的灯光，也是这样的场景……

由梦中预知未来发生的事情，这种梦就叫作"预知梦"。关于预知梦，在科学上还没有很明确的例证，有人就将之视为迷信或偶然。

不少人都说自己的梦有时会有预言性，但是，如果以科学的态度深入研究就可以发现，情况与原先自己的想象有非常大的差异。

首先，的确是有一些梦有预言性。但是，这并不是什么神秘的现象，而是个体的某些生理状态的反映。在睡眠过程中感到口渴的人会梦到沙漠，在梦里被大树压醒的人往往发现自己的手臂正压在胸口上。另一些梦反映的是个体对未来的担心或潜意识的洞察力。对未来的担心如果是有理由的话，自然就有可能实现，而个体直觉式的洞察力有时也会是很准确的，因为这往往是个体所有经验的凝聚。

其次，有不少梦之所以有预言性，仅仅是因为梦的模糊性和概率作用的缘故。有人计算：每人每夜做梦约 2 小时左右，地球上有几十亿人，把每个人的梦的数量乘以做梦的人数，梦见的"事件"是个天文数字。所以，依照模模糊糊的梦的记忆，在浩瀚的"梦海"中找到与生活中发生的相似的事件，并不是一件困难的事。这种巧合是很容易发生的。

再其次，合理化的心理作用也是梦有预言性的原因之一。人们往往会牵强附会，把有距离的两件事加以联系，认为是有预见性的。比如，有人梦到一架大飞机失事坠落，如果恰巧有一架小型飞机失事，这个梦会被认为是有预见性的；如果不是飞机，而是火车甚至汽车出事故，很可能也会认为梦有预见性。所以同一个梦实际上有可能对应许多事实，而人的合理化心理作用会使得梦与这些事实发生联系，再将此定义为梦的预言。

梦由心生。从科学的角度看，梦是个体生理和心理状态的一种反映。民间的所谓"解梦"，以游戏的态度看看可以，如果太当真，也许就会给自己带来不幸。

延伸·阅读

梦中有些现象是现代科学难以解释的。即使是最严谨的科学家也不得不承认，有时梦似乎真的能预演未来的事件，虽然这种梦很少。有些梦表面上看是预言性梦，实际上只是巧合或者是其他原因，但是，不能用其他原因解释、也很难说成是巧合的预言性梦也的确偶尔出现。

　　在谈到"神秘的梦"这一主题时，伟大的心理学家弗洛伊德说："十多年前，当这些问题首次进入我的视野时，我也曾感到一种担心，以为它们使我们的科学宇宙观受到了威胁：如果某些神秘现象被证明是真实的，恐怕科学宇宙观就注定会被唯灵论或玄秘论所取代了。但今天我不再这么认为了。我想，如果我们认为科学没有能力吸收和重新产生神秘主义者断言中的某些可能证明是真实的东西，那说明我们的科学宇宙观还不十分信任科学的力量。"

第七课

———

探秘催眠

1. 什么是催眠

"你感到很放松，昏昏欲睡……你感到越来越困……你的身体变得很放松……现在，你开始觉得很温暖，很自在，感到很舒服……你的眼皮变得越来越重。你的眼睛慢慢闭上了，再也睁不开了……你已经完全放松了……现在，听我的指示，按我的要求去做。请把你的手高高举到头顶。然后，你感到你的手变得越来越沉重，重得几乎举不起来。你已经用尽全力把手向上举，但还是不能把手举起。"

现在，看到以上情境的人大都会注意到：大多数听到指令的人会接二连三地垂下手臂，并真的不能再举起来，好像手中真的有非常沉重的东西一样。为什么这些人会变得这样？究竟是什么原因让他们出现这样一种状态？

舞台上，众目睽睽之下，一位临时自愿应征的观众正在接受施术者的现身说法，类似以上这般情境之后，施术者随手将一个生洋葱头递给志愿者，并说："吃吧，多好的苹果！"志愿者大口吃起来，津津有味的样子。"能尝得出是哪种苹果吗？"施术者问，得到的回答是："当然是香蕉苹果啦，味道好极了！"这又是为什么？

没有错，他们被催眠了！那么催眠究竟是怎么一回事？

概说催眠

催眠一词是由希腊神话中睡眠之神许普诺斯的名字演化而来，是指在某种特殊情境中，以人为诱导（如放松、单调刺激、集中注意力、想象等），引起的一种特殊的类似睡眠又非睡眠的意识恍惚的心理状态。其特点是被催眠者自主判断、自主意愿行动减弱或丧失，感觉、知觉发生歪曲或丧失。在催眠过程中，被催眠者遵从催眠师的暗示或指示，并做出反应。

催眠分为自我催眠和他人催眠两种。自我催眠指的是由自我暗示所引起的催眠状态。他人催眠是指在催眠师的影响和暗示下引起，可以使被催眠者唤起被压抑和遗忘的事情，说出自己的内心冲突和紧张以及病历、病情等。值得注意的是，催眠状态同样可以由药物引起。

现实中，人们对催眠的易感性存在着广泛的差异，催眠的深度主要因个体的可催眠性、催眠师的权威与技巧等的差异而不同。所谓可催眠性是表示个体对标准化的暗示做出反应并体验催眠反应的程度，是一种相当稳定的特质。可催眠性有很大的个体差异，从根本没有反应到完全反应。现实中大约有 5%~20% 的人根本不能被催眠，而有 15% 的人很容易被催眠，剩余的大多数人介于两者之间。容易被催眠的那部分人也很容易进入阅读或听音乐的状态中，常常花大量的时间来做情节生动的白日梦，想象力很丰富，容易沉浸在眼前或想象的场景中。总之，他们表现出能全神贯注、全身心投入的能力。

催眠小史

催眠的历史很长，但对它进行科学研究却是近年来才兴起的。在中国，"催眠"历史悠久、源远流长，古代的"祝由术"，宗教中的一些仪式，如"跳大神"等都含有催眠的成分，只不过当时多用来行骗，或是一种迷信活动。

在西方，很早就有人对催眠感兴趣，目前最早的记录是1778年，巴黎一位名叫麦斯梅尔的医生用催眠术给人们治疗各种疑难杂症，他发明了一种叫"木桶法"的方法给前来寻求治疗的病人进行治疗，并取得了不错的疗效。后来，这个方法被一个由众多医生和学者所组成的调查团所否定，麦斯梅尔的疗法被人们斥为骗术，麦斯梅尔也因此逃离巴黎在瑞士度过他的余生。到19世纪40年代，催眠术再度受到重视，许多位医生对外界宣称，他们通过运用麦斯梅尔的方法成功进行了多次治疗，甚至有一位外科医生通过这种方式使病人进入催眠状态中，并在这种状态中锯掉了病人已经坏掉的大腿。1841年，一位名叫布雷德的苏格兰医生通过给需要手术却无法使用麻醉药物的病人实施催眠麻醉进行手术，而获得成功引起轰动。于是他借用希腊神话中睡神的名字提出"催眠"一词，并对催眠现象做了科学的解释，认为是由治疗者所引起的一种被动的、类睡眠状态，使得催眠有了广泛的传播。再后来，在苏联生物科学家巴甫洛夫多年系统深入的研究下，催眠有了长足的发展，真正成为一门应用科学。

现在，在很多国家的大学里、医院里，都设有专门的催眠研究室，并积极开展将催眠应用于医学、教学、产业等领域的可行性研究。

2. 催眠与暗示心理

提到催眠，人们通常以为这是心理学家的实验或者某些专业人士的表演，认为它跟我们毫无关系。事实上我们经常生活在近似催眠的心理状态中。

你有没有过这样的情况：到超市买东西，回到家一清点，发现有一些是可有可无的，连自己都不知道为何会买这些小东西；我们本来对某个人没有什么印象，等过了一段时间后却觉得他面目可憎，早晨到了办公室，本来精力充沛，心情愉快，过了一会儿却变得烦得要命。

这些都是我们生活中经常遇到的现象，我们经常会对这种情况感到莫名其妙。其实在心理学家看来，这一点也不奇怪。因为你受到了周围环境的暗示，不知不觉就产生了与之相应的行为与心情。比如，电视广告对购物心理的暗示作用，广告的影像、声音都具有强烈的暗示性。人们看电视时，都是东看看西看看，是一种无意的行为，在无意中，人们缺乏警觉性，这些广告信息会悄悄地进入人们的潜意识。这些信息反复重播，在人的潜意识中积累下来。当人们购物时，人的意识就受到潜意识中这些广告信息的影响，左右你的购买倾向。比如，当你对两个品牌的东西拿不定主意时，多半会选择那已经进入潜意识中的品牌，所以当我们回到家，再注意到当初的选择时，感到莫名其妙。

心理学界对心理暗示研究最多的专业是神经语言程式学（NLP），它的核心主题就是通过改变人的情绪，对心理形成暗示，达到改变人的思想和行为的效果。它的前身，则是略带神秘色彩的"催眠术"，内核则都是"心理暗示"。

在心理诊所里，催眠医疗师拿起一只晃动的钟摆来吸引被催眠者的注意力，并慢慢地说着一些术语，经过反复暗示，被催眠者闭上眼睛，逐渐进入昏睡状态。其实，昏睡与真正的睡眠不同。昏睡者仍然保持一点清醒，来接受催眠者的暗示。

心理学家分析指出，在下列几种情况下，健康者的被催眠状态较容易发生：疲倦或者意志薄弱的时候；沉浸于个体或信仰的崇拜，放松了对客观的评判；处于完全信任对方的前提下；在紧急状态下，没有意识和思考的余地。这意味着，在我们的日常生活里，上述的精神状态或多或少都会反复出现。

美国心理专家对 NBA 球队的比赛进行考察后发现，比赛中投手能否投出好球决定于投出的顷刻之间，只要他想投出好球，并给出相应的情绪操作，结果就容易如愿以偿。相反，情绪不好时就容易投出坏球。所以在投出好球之前，投手一定要充满信心，这种情况就属于一种自我催眠。而毫无自信心的投球也属于自我催眠。在篮球投出之前，一切好坏结果都会受到自我暗示的作用。

我们人类行动中有不少自我暗示。生活中，一个人受到当时身体与心理状况的影响，思前顾后，结果就会产生不良的自我暗示。比如，一位胆怯者必须要在大庭广众前讲演，他就会被当时周围强烈的刺激所震慑，就如同置身于被催眠时的状态，他会失去行动的自由。这是一种自认不行的暗示在内心作祟的缘故。如果其本人能意识到自我暗示这个事实，就具备纠正的机会，只可惜很多人意识不到。人类也可以划分为两种类型：一种是广博情趣的行动者，另一种是迟迟不采取行动的慎重者。后者大多数有不良的自我暗示，他对一切感到悲观，对很多事情觉得绝望。他们在无意识中有否定自我的暗示，以致只要遇到困难，就会自我暗示表示放弃。而一位情趣型的行动者，他会各种事情都想做做看，事先没有不良的自我暗示。在其操作过程中即使遇到困难，他也会继续尝试，改变僵局。在百折不挠之余，显示出自己的创意，从而使许多困难迎刃而解。

受暗示性是人的心理特性，它是人在漫长的进化过程中形成的一种无意识的自我保护能力。当人处于陌生、危险的境地时，人会根据以往形成的经验，捕捉环境中的蛛丝马迹，来迅速做出判断。这种捕捉的过程，也是受暗示的过程。因此，人的受暗示性的高低不能以好坏来判断，它是人的一种本能。

催眠现象产生的原因相当复杂，心理暗示只是其中的一个因素，并不是催眠的全部内容。我们要争取理解催眠与暗示心理的关系。

3. 催眠疗法简介

催眠疗法

催眠疗法是指用催眠的方法使求治者的意识范围变得极度狭窄，借助暗示性语言，以消除病理心理和躯体障碍的一种心理治疗方法。最早源于宗教活动者及江湖艺人的催眠术。实际上，从精神分析到行为治疗，很多心理治疗都含有催眠的成分。患者所具有的可暗示性，以及患者的合作态度及接受治疗的积极性是催眠治疗成功的必要条件。通过催眠方法，将人诱导进入一种特殊的意识状态，将医生的言语或动作与患者的思维和情感相整合，从而产生治疗效果。

为哪些人服务

随着人们的生活节奏日趋紧张，竞争加剧，心理生理问题与日俱增。催眠疗法可以治疗多种心身疾病，包括神经衰弱、焦虑性神经症、抑郁性神经症、癔症、强迫性神经症、恐怖性神经症、压抑等神经症；在身体方面如胃溃疡、荨麻疹、偏头痛、性功能障碍、儿童行为障碍等疾病，用催眠治疗也效果显著；其他的适应症，包括戒酒、戒烟、术后镇痛、无痛分娩、减轻癌和关节炎疼痛，改善机体抵抗力，破坏或消除由于病毒引起的湿疣和其他疾病。而那些曾经受到过非常严重伤害的人，严重的心血管疾病患者，以及精神病患者，都不适宜做催眠。

催眠的全过程

催眠一般在安静的室内进行，室内须保持暗淡的灯光，被试者放松地坐在椅子上，并相信催眠师和催眠的无害性。一般的催眠过程如下：

（1）被试者被暗示眼睛疲倦，无法睁开。

（2）接着被暗示感官逐渐迟钝，将不会感到刺激，即在催眠状态下失去痛觉。

（3）然后，被催眠者被暗示忘却一切，只听从催眠师的指令。

（4）之后暗示被试者将感到幻觉的出现。

（5）暗示被试者醒来后将忘却催眠中的所有经验。

（6）暗示被试者醒来后做其他活动。

催眠疗法案例介绍

患者张某，23岁，男性，公司职员。

就诊前半年来外出回家总是要反复洗手，开始反复用肥皂洗手，时间长达10多分钟，后来愈演愈烈，最近每次外出回家要反复洗手长达半小时甚至更长，常常把手洗破，病人也明知不恰当且不必要，但难以控制，苦于无力摆脱，因而痛苦不堪，担心自己长此下去是否会得精神病。

经心理咨询，病人意识清晰，精神正常，属于表现为强迫行为的强迫症。

在催眠治疗前，先对其进行解释和安慰，告诉他该病既不会导致其他精神疾病，更不会演变为精神分裂症，也不会失去自我控制能力，然后鼓励患者用自控法进行自我治疗，并说明自控法的治疗要领。

在催眠治疗时，催眠状态下的暗示诱导语为："你已经进入了非常舒适的催眠状态。你的病没有什么大不了的，一定能够治愈。你现在一定要按照我的话去想，外出回家后洗手是正常的；但洗一遍即可，没完没了的洗手你自己也知道是不必要的，谁也不会不停地洗手，因为那毫无意义。没有必要、毫无意义的事就应该停止去做，其他人办得到，你也必定能办到，你也是一个有能力的人，反复洗手本来也是一种毅力的表现，只是你把这种毅力用在了不必要的事情上面，这样当然会带来痛苦，你现在应该把毅力用在克服反复洗手这种毫无意义的行为上，你也一定能够做到，这样你就会感到心情愉快。你现在已经能够做到了，你正外出买东西，现在回家了，用自来水随便地洗了一下手，马上擦干，你根本不想再洗第二遍手，你现在感到如再去洗一次手是可笑的，你心情很愉快，你的强迫症状已完全消失了，以后再也不会反复强迫洗了……你醒来后情绪非常乐观，精力也很充沛，你的病已经好了。"

催眠治疗后，张某非常高兴。催眠师让其设想外出回家后还会不会再反复洗手，张某微笑摇头。后来张某在症状反复时，用自控法进行自我治疗，症状的反复周期越来越长，症状表现也越来越轻微。其间又经过两次催眠治疗，共历时一个月，强迫症基本治愈，一年来未再见其复发。

4. 催眠不是这样的

晃动的钟摆、舒适的躺椅、暗淡的灯光、神情恍惚的被催眠者和具有超凡力量的催眠师。这就是普通大众心目中的催眠，对他们来说，催眠总是让人倍感神秘。于是，对催眠的误解也就"自然而然"地产生，下面就是一些对催眠常见的误解和担心。

（一）催眠术就是会让人睡觉

催眠术并不是催人入睡的技术，催眠状态和睡眠状态也有很多区别。虽然表面看起来好像睡着了一样，但其实受术者和催眠师保持着密切的感应关系，他的潜意识活动在催眠师的引导和帮助下发挥积极的作用；虽然催眠状态下也是在休息，但休息的深度和质量高于一般的睡眠，有时只睡了10多分钟，感觉就像睡了很久。虽然催眠术对于治疗睡眠问题有很好的效果，但是它不仅仅限于这一个方面的作用，而是可以对人的身心状态进行全面的调整。

（二）催眠就是要让人什么都不知道了，然后就会发生一些神奇的改变

催眠并不是要剥夺人心理活动的能力，虽然有意识活动的水平降低，但人的潜意识活动水平反而更加活跃，这时有的受术者会有迷迷糊糊意识不清的感觉，好像只能听到催眠师的声音；而

有的受术者觉得自己很清醒，什么都听得见，甚至认为自己完全没有被催眠，这些感觉在催眠状态下都可能会出现，也都不会影响催眠的进行和治疗效果。当然，受术者越是按催眠师的指令去感受和体验（而不是去检验），就越有利于从催眠中获得更多有益的东西。

（三）催眠中被催过去后会不会醒不过来了

催眠过程中受术者和催眠师保持着密切的感应关系，所以看起来受术者好像什么都不知道，但其实他在和催眠师进行潜意识的沟通，与外界保持着联系，在催眠师的指令唤醒后就会醒来。当然，如果任其催眠状态持续下去，则可进入自然的睡眠状态，经过充分睡眠后受术者也会自然醒复，不会有任何副作用或者不良后果。同样，在正常的自然睡眠状态中，也可以通过催眠术转入到催眠状态，这称为睡眠性催眠术。

（四）催眠对心理健康会有不良影响

催眠术本身是一种非常安全的心理调整和治疗技术，只要施术者规范操作，不会对心理健康产生不良影响。即便催眠后有感不适，也能在下一次催眠中得以解除，不会给受术者留下"后患"。当然，由于催眠术的特殊性，在实施催眠，特别是带有心理治疗和训练内容的催眠时，应该由接受过专业训练并有实践经验的催眠师实施催眠。

（五）催眠就是被暗示，只有那些没有主见或者意志不坚定的、文化水平素质低的人才容易被催眠

催眠现象产生的原因相当复杂，暗示只是其中的一个因素，

并不是全部内容。催眠感受性是正常人都具备的一种心理特征，所以并不是说只有缺乏主见的人才会被催眠；同时，根据催眠学界目前最新的研究成果，催眠现象产生的第一层次是物质层次——脑神经系统功能；第二层次是个人心理活动的接受情况。由此看来，那些越容易接受催眠的人往往是那些脑神经系统功能状态良好，心理活动功能强效率高而且敏锐的人，所以我们可以看见往往越是文化水平高、心理素质好、感受性敏锐的人越能够从催眠中获得好处，而过于年幼的儿童和过度衰老的老人以及生活中的低智能者因为脑神经系统功能状态不佳而难于被催眠。

（六）被催眠后催眠师要人干什么人就会去干，要人说什么人就会说什么

很多影视文学作品中关于催眠的描写都有夸张和失真的成分。每个人的潜意识有一个坚守不移的任务，就是保护这个人。实际上，即便在催眠状态中，人的潜意识也会像一个忠诚的卫士一样保护自己。催眠能够与潜意识更好地沟通，但不能驱使一个人做他的潜意识不认同的事情，所以不用担心会被控制或者暴露自己的秘密。并且，即便不是属于隐私，但作为催眠师来说，对于催眠过程中的情况也应该为受术者保密，这是基本的职业道德。

（七）怎么可能有些人容易被催眠，而有些人却很难被催眠

常听有些人自信满满地说：我一定很难被催眠，因为我的意志力很强。其实这跟意志力一点关系都没有，但跟你的顽固和偏执却有绝对的关系；因为如果你刻意抵挡被催眠，那你就绝对不会被催眠，因为那时候你是紧绷的，而被催眠的必备条件之一就

是要放松。而一般来说，约有 95% 的人，都有相当程度的催眠敏感度，其中 5% 的人，非常容易被催眠，另外 5% 的人，很难被催眠。大部分的人都能够被催眠，只是有些人，必须施以反复、长时间的诱导，例如二三个小时，才能进入催眠状态，这样就超过催眠师的正常负荷了。催眠大师密尔顿•艾力克森就经常使用无聊、重复的语言，经历漫长的时间，成功地催眠了别的催眠师视为很难催眠的人。而年纪越轻，也越容易被催眠，因为年轻人的脑细胞较有活力，而年纪越大者，脑细胞因为丧失了活力的关系，所以相对较难被催眠。

5. 生活中的"催眠术"

　　绝大多数人总是认为,催眠现象只是发生在催眠师在对被催眠者的治疗过程之中。其实,这是一个很大的误解。毫不夸张地说,催眠现象每时每刻都发生在我们生活当中。当然,那是一种类催眠现象,形式上与正式的催眠现象有所不同,但其机理、其作用、其本质,与正式的催眠现象别无二致;其效能作用,也不逊于正式的催眠施术。

　　比如,驾驶员长途驾驶,单调的汽车马达声会诱发催眠状态,容易发生事故,所以在修筑公路时会在路旁设置一些醒目的标志,或者有意识地将公路筑成弯道,避免诱发公路催眠。长途乘车旅

行也是同样，长途旅行单调、刻板的车轮与轨道之间的撞击声也会成为催眠性刺激诱人进入催眠状态，似乎能听到列车员报站的声音，而对其他声音则迷迷糊糊甚至一无所知。凡是单调、重复、刻板的刺激都能诱发不同程度的催眠，我们每一个人都有这方面的体会，这是人的正常反应功能。

商业活动中的催眠现象

当前的世界是一个供大于求的商业社会。推销自己的产品与服务，是全球数以亿计的人每天都在从事的活动。在这种活动中，有些人是成功者，而有些人则是失败者。我们发现那些卓越的推销手段，那些优秀的推销人员，都或多或少地运用了催眠术的原理、方法。

（一）潜意识广告

所谓潜意识广告，就是一种利用暗示的广告方式。它以微弱的、不引起知觉的刺激作用于潜意识，进而影响人的购买动机与购买行为。如今，电视上、网络上这样的广告铺天盖地，我们很多人在逛完超市回家清点所购商品时总会发现一些我们当初并不计划购买的物品，这就是潜意识广告作用于我们的结果。

（二）名人广告效应

看看电视机里那一张张熟悉得不能再熟悉的面孔，听听那些你几乎可以倒背如流的广告词，再去留心一下你自己和周围人的生活，你就会明白：原来我们都被催眠了。

（三）满足你的虚荣心

你是否有过这样经历：逛商场时，你本来对某一套化妆品不怎么感兴趣，然而，经不住销售人员的漫天花雨般糖衣炮弹的攻击，最终败下阵来，满心欢喜、兴高采烈地不惜刷卡买了这一套昂贵的化妆品，等你喜滋滋地离开商场，回到家后才发现你所付出的代价多么高昂。很不幸！你被售货员"催眠"了。在正式的催眠施术过程中，催眠师会不断地对受术者给予肯定与鼓励，这种肯定与鼓励是催眠手段中一个重要的组成部分。因为它可以缩短催眠师与受术者的心理距离，衍生融洽的心理氛围，此时，心理防线就比较容易被突破。售货员也许并不知道这个道理，但是她却懂得运用这个道理，都说"学心理不如用心理"，你就这样被俘虏了。

爱情中的类催眠现象

当月下老人将一对男女结合在一起的时候，双方都可以找出一千条非他不嫁、非她不娶的理由，正所谓"天作之合"。这些理由是真实的吗？热恋中的人们不会提这样的问题，那会自讨没趣。可我们若是冷静地细加剖析，就可以发现爱情原来是盲目与非理性的一种鲜活的写照。那些热恋中的人们几乎无一例外是处于类催眠状态。

（一）为什么情人眼里出西施

"情人眼里出西施"，如果把这句话转换为心理学术语，就是在爱情状态中，人们的知觉被歪曲，甚至被严重歪曲。常说"耳听是虚，眼见为实"。其实，耳听固然有虚，眼见也未必是实。究其原因，是在人们的知觉过程中，不可避免地受心理定势的影响，受先前经验的左右，受情绪状态的干扰。所以，你眼中的世界本来就不是一个完全真实而客观的世界，这还是你在意识清醒的时候。而恋爱中的人们，情感高度卷入，此时，他眼中的世界实际上是一个他想看到的世界，而不是真实的世界。他，当然希望她是白雪公主；她，当然也企盼他是白马王子。好的，既然你这么想，在你眼中也就真的如此了。于是，情人眼里出西施。

（二）为什么热恋中的人几近疯狂

热恋中的人几近疯狂，这是人们时常看到的现象。有长跪街头求爱的；有拉起横幅在女生宿舍楼下表忠心的；有斩断亲情，离家出走的；有失恋后心灰意冷遁入空门的；更有甚者，因爱而寻死觅活的。这种热恋的疯狂几乎不分年龄，只要恋爱起来了，那股疯狂劲相差无几，他们都处于类催眠状态之中。注意点、兴奋点已完全集中于一点，就是那个深爱着的人，他们的价值观已无法用常理去评判，整个人已处于意识状态与无意识状态之间。不涉及那个爱人的时候，他尚能清晰思维，正常工作。一旦涉及那个爱人，瞬间就转换到无意识层面，那里只有一个亮点，就是那个爱人以及相关的一切。所以，在别人眼里，他几近疯狂，类似痴癫。而他自己，却浑然不觉，认为自己的所作所为很有道理。

（三）为什么人们说"婚姻是爱情的坟墓"

客观地说，有这种感觉的人不在少数。为什么？我们的理解是：从恋爱到婚姻，实际上是从类催眠状态回归到了正常的意识状态。你眼中的世界发生了很大的变化（不是实际情况变化有多大，而是你的感受发生了很大的变化）。随着婚姻这一法律形态把两个人的关系固定下来，浪漫的爱情必然褪色。那种一见钟情、销魂断肠、如痴如醉、难解难分的状态，再也不可能持久下去了。取而代之的则是先前从来不会出现的大量家庭琐事。这些事，既不好玩又日复一日。随着婚龄增长，激情必然会递减。这个责任不在婚姻，因为这种感情本身的性质就决定了它是不可能长久的，时间久了，奇遇必会归于平凡，陌生也变成熟悉，新鲜感消退。用我们的话来说，你不可能总是处于催眠状态，你总是要回归到清醒的、现实的意识状态之中的。如果有谁还想延续催眠中的生活状态、生活方式，只能有一个结果，那就是失望。